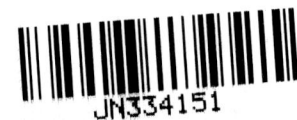

見学!

日本の大企業
東芝

編さん／こどもくらぶ

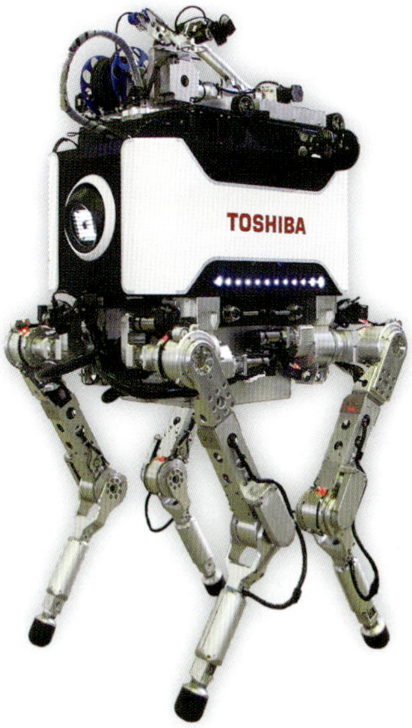

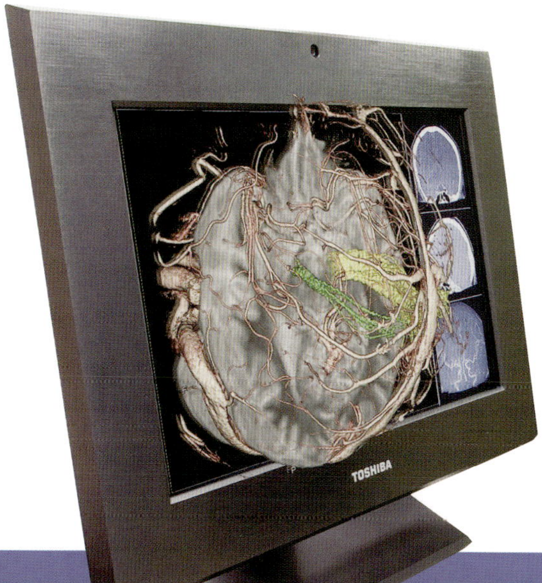

ほるぷ出版

はじめに

会社《かいしゃ》には、社員《しゃいん》が数名《すうめい》の零細企業《れいさいきぎょう》から、何千《なんぜん》・何万人《なんまんにん》もの社員《しゃいん》が働《はたら》くところまで、いろいろあります。社員数《しゃいんすう》や資本金《しほんきん》（会社《かいしゃ》の基礎《きそ》となる資金《しきん》）が多《おお》い会《かい》社《しゃ》を、ふつう大企業《だいきぎょう》とよんでいます。

日本《にほん》の大企業《だいきぎょう》の多《おお》くは、明治維新以降《めいじいしんいこう》に日本《にほん》が近代化《きんだいか》していく過程《かてい》や、第二《だいに》次世界大戦後《じせかいたいせんご》の復興《ふっこう》、高度経済成長《こうどけいざいせいちょう》の時代《じだい》などに誕生《たんじょう》しました。ところが、近《きん》年《ねん》の経済危機《けいざいきき》のなか、大企業《だいきぎょう》でさえ、事業規模《じぎょうきぼ》を縮小《しゅくしょう》したり、ほかの会社《かいしゃ》と合《がっ》併《ぺい》したりするなど、業績《ぎょうせき》の維持《いじ》にけん命《めい》です。いっぽうで、好調《こうちょう》に業績《ぎょうせき》をのばしている大企業《だいきぎょう》もあります。

企業《きぎょう》の業績《ぎょうせき》が好調《こうちょう》な理由《りゆう》のひとつは、独創的《どくそうてき》な生産《せいさん》や販売《はんばい》のくふうがあって、会社《かいしゃ》がどんなに大《おお》きくなっても、それを確実《かくじつ》に受《う》けついでいることです。また、業績《ぎょうせき》が好調《こうちょう》な企業《きぎょう》は、法律《ほうりつ》を守《まも》り、消費者《しょうひしゃ》ばかりでなく社員《しゃいん》のことも大切《たいせつ》にし、環境問題《かんきょうもんだい》への取《と》りくみや、地域社会《ちいきしゃかい》への貢献《こうけん》もしっかりしています。さらに、人《ひと》やものが国境《こっきょう》をこえていきかう今日《こんにち》、グローバル化《か》への対応《たいおう》（世界規模《せかいきぼ》の取《と》りくみ）にも積極的《せっきょくてき》です。

このシリーズでは、日本《にほん》を代表《だいひょう》する大企業《だいきぎょう》を取《と》りあげ、その成功《せいこう》の背景《はいけい》にある生産《せいさん》、販売《はんばい》、経営《けいえい》のくふうなどを見《み》ていきます。

★

みなさんは、将来《しょうらい》、どんな会社《かいしゃ》で働《はたら》きたいですか。

大企業《だいきぎょう》というだけでは安定《あんてい》しているといえない時代《じだい》を生《い》きるみなさんには、このシリーズをよく読《よ》んで、大企業《だいきぎょう》であってもさまざまなくふうをしていかなければ生《い》き残《のこ》っていけないことをよく理解《りかい》し、将来《しょうらい》に役立《やくだ》ててほしいと願《ねが》います。

この巻《かん》では、総合電機《そうごうでんき》メーカーとして、伝統《でんとう》と最新技術《さいしんぎじゅつ》にもとづいた製品《せいひん》で業界《ぎょうかい》をリードし、社会《しゃかい》に貢献《こうけん》しつづける東芝《とうしば》をくわしく見《み》ていきます。

目《もく》 次《じ》

TOSHIBA

Leading Innovation

※ 本文中《ほんぶんちゅう》の Ⓡ は登録商標《とうろくしょうひょう》マーク、TM は商品商標《しょうひんしょうひょう》マークをあらわしている。

1 安心《あんしん》・安全《あんぜん》・快適《かいてき》な社会《しゃかい》へ

東芝《とうしば》は、総合電機《そうごうでんき》メーカーとして、はば広《ひろ》い事業《じぎょう》をおこなっている。発電機《はつでんき》などの大型電気機器《おおがたでんききき》から身《み》のまわりの家電製品《かでんせいひん》までのビジネスを、5つの事業《じぎょう》グループにわけて、人《ひと》びとの生活《せいかつ》をゆたかにする企業活動《きぎょうかつどう》を進《すす》めている。

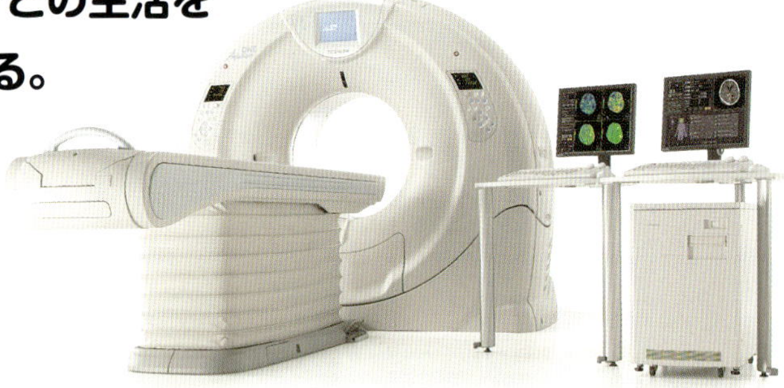

▲エリアディテクターCT《シーティー》（多面積検出用《ためんせきけんしゅつよう》コンピューター断層撮《だんそうさつ》影装置《えいそうち》）として、世界最新技術《せかいさいしんぎじゅつ》を結集《けっしゅう》した「Aquilion ONE《アクイリオン ワン》™/ViSION Edition《ビジョン エディション》」。

はば広《ひろ》い製品《せいひん》をあつかう

東芝《とうしば》は、1875（明治《めいじ》8）年《ねん》7月《がつ》の創業《そうぎょう》(→p7)からおよそ140年《ねん》になろうとする、日本《にほん》を代表《だいひょう》する総合電機《そうごうでんき》メーカーです。取《と》りあつかう製品《せいひん》の種類《しゅるい》はじつにはば広《ひろ》く、洗濯機《せんたくき》、冷蔵庫《れいぞうこ》、テレビなどの家電製品《かでんせいひん》から、電力事業《でんりょくじぎょう》のための設備《せつび》、交《こう》通《つう》・放送機器《ほうそうきき》や医療機器《いりょうきき》などのような産業用《さんぎょうよう》の製《せい》品《ひん》、さらにコンピューターを利用《りよう》した情報通信《じょうほうつうしん》システムまでさまざまです。そしてそのいずれの分《ぶん》野《や》でも、伝統《でんとう》とすぐれた技術《ぎじゅつ》で、大《おお》きなシェア*1をしめています。

ヒューマン・スマート・コミュニティとは？

いま、東芝《とうしば》がめざしているのは、「ヒューマン・スマート・コミュニティ」。それは、電力《でんりょく》、水《みず》、交通《こうつう》・物流《ぶつりゅう》、医療《いりょう》、情報《じょうほう》など、あらゆるインフラ*2を総合《そうごう》してコントロールする社会《しゃかい》のことで、ひとことであらわすと、「安心《あんしん》・安全《あんぜん》・快適《かいてき》な社《しゃ》会《かい》」です。東芝《とうしば》はそのために、人《ひと》びとの生活《せいかつ》をゆたかにする技術《ぎじゅつ》と製品《せいひん》、サービスを社会《しゃかい》に提供《ていきょう》しています。

＊1 ある商品《しょうひん》の販売《はんばい》やサービスが、一定《いってい》の地域《ちいき》や期間内《きかんない》で、どれくらいの割合《わりあい》をしめているかを示《しめ》す率《りつ》。

＊2 インフラストラクチャーの略語《りゃくご》。道路《どうろ》・鉄道《てつどう》・港湾《こうわん》・ダム・学《がっ》校《こう》・病院《びょういん》などの、社会生《しゃかいせい》活《かつ》の基盤《きばん》となる施設《しせつ》のこと。

▲▶最新型《さいしんがた》のラップトップ(→p35)パソコン「dynabook《ダイナブック》」シリーズ（上《うえ》）と、サイクロン掃除機《そうじき》「TORNEO V《トルネオ ブイ》」（右《みぎ》）。

東芝《とうしば》の3本《ぼん》の柱《はしら》

東芝《とうしば》は現在《げんざい》手《て》がけている5つの事業《じぎょう》で、(1)エネルギー（電力《でんりょく》・社会《しゃかい》インフラ）、(2)電子《でんし》デバイス[*1]、(3)ヘルスケアを、3本《ぼん》の柱《はしら》と位置《いち》づけています。

(1)現代社会《げんだいしゃかい》になくてはならない電力《でんりょく》エネルギーや社会《しゃかい》インフラの需要《じゅよう》は、今後《こんご》もふえつづけることが予想《よそう》されます。東芝《とうしば》は、創業以来《そうぎょういらい》はぐくんできた技術力《ぎじゅつりょく》で、火力《かりょく》、原子力《げんしりょく》の発電《はつでん》システムや、再生可能《さいせいかのう》エネルギーである水力《すいりょく》、太陽光《たいようこう》、地熱《ちねつ》、風力《ふうりょく》などの発電《はつでん》システムを提供《ていきょう》する事業《じぎょう》をつうじて、エネルギー供給《きょうきゅう》の重要《じゅうよう》な役割《やくわり》をになっています。

(2)情報通信社会《じょうほうつうしんしゃかい》である現代《げんだい》にあって、ビジネスや生活《せいかつ》にかかわる情報量《じょうほうりょう》は、飛躍的《ひやくてき》にふえています。東芝《とうしば》は電子《でんし》デバイスの分野《ぶんや》で、世界《せかい》をリードする立場《たちば》にあります。60年近《ねんちか》くの製造《せいぞう》の歴史《れきし》をもつ半導体《はんどうたい》[*2]をつかったフラッシュメモリ[*3]やHDD《エイチディーディー》[*4]というコンピューターの記憶装置《きおくそうち》の製造《せいぞう》量《りょう》が日本一《にほんいち》であり、その一部《いちぶ》は世界有数《せかいゆうすう》のシェアをほこります。

(3)みんなが健康《けんこう》でいきいきと生活《せいかつ》できる社会《しゃかい》のために、世界最先端《せかいさいせんたん》レベルの医療機器《いりょうきき》やシステムを提供《ていきょう》しています。また、病気《びょうき》の発症《はっしょう》や重症化《じゅうしょうか》をふせぐ「予防《よぼう》」、病気《びょうき》やけががなおった後《あと》を支援《しえん》する「予後介護《よごかいご》」、心《こころ》とからだの健康《けんこう》をサポートする「健康増進《けんこうぞうしん》」まで、さまざまな分野《ぶんや》の製品《せいひん》・サービスを開発《かいはつ》しています。

＊1 コンピューター関連《かんれん》の機器《きき》や装置《そうち》のこと。
＊2 電気《でんき》をよく通《とお》す「導体《どうたい》」と通《とお》さない「不導体《ふどうたい》（絶縁体《ぜつえんたい》）」の中間的《ちゅうかんてき》な性質《せいしつ》をもつ物質《ぶっしつ》。電圧《でんあつ》や熱《ねつ》や光《ひかり》などの刺激《しげき》をあたえると、電流《でんりゅう》がながれるという性質《せいしつ》が、さまざまな電気製品《でんきせいひん》の部品《ぶひん》に利用《りよう》される。
＊3 パソコンやデジタルカメラ、スマートフォンなどのデータを保存《ほぞん》するためにつかわれる記憶装置《きおくそうち》。
＊4 “Hard Disk Drive《ハードディスクドライブ》”の略《りゃく》。コンピューターの記憶装置《きおくそうち》のひとつで、アルミ合金《ごうきん》などでできた磁気《じき》ディスク。

●東芝《とうしば》の部門別《ぶもんべつ》の売上《うりあげ》（2013年度《ねんど》）

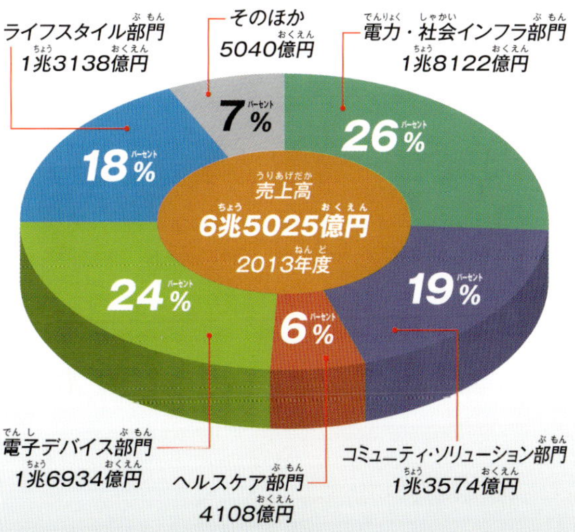

東芝《とうしば》 ミニ事典《じてん》

ロゴのうつりかわり

「田中製造所《たなかせいぞうしょ》」(→p7)と「白熱舎《はくねつしゃ》」(→p8)というふたつのルーツをもつ東芝《とうしば》は、時《とき》どきに応《おう》じて会社《かいしゃ》の商標《しょうひょう》（ロゴマーク）をかえてきた。「マツダ」など製品名《せいひんめい》をそのまま商標《しょうひょう》にしたり、戦争《せんそう》の混乱《こんらん》のなかで変更《へんこう》されたりしたこともあった。ロゴのうつりかわりは、東芝《とうしば》の歴史《れきし》そのものだ。

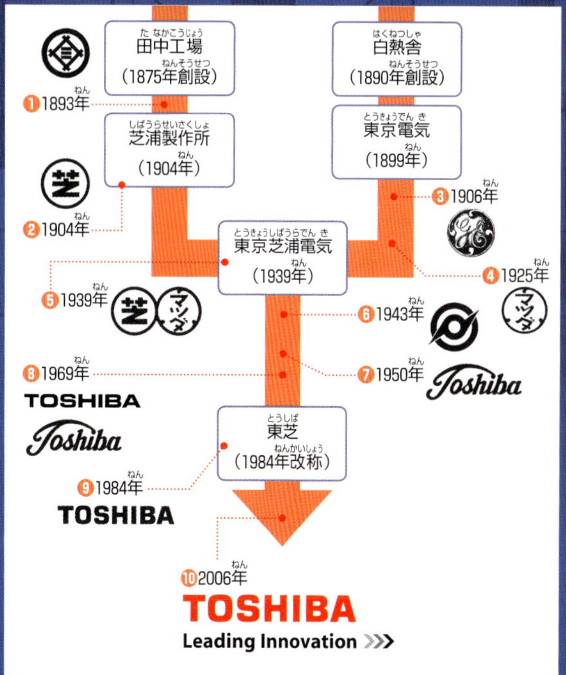

▲現在《げんざい》の赤《あか》いロゴ（上《うえ》）は2002（平成《へいせい》14）年《ねん》から使用《しよう》され、2006（平成《へいせい》18）年《ねん》からは、キャッチフレーズとして“Leading Innovation《リーディングイノベーション》”（革新《かくしん》を導《みちび》く）がくわえられた。

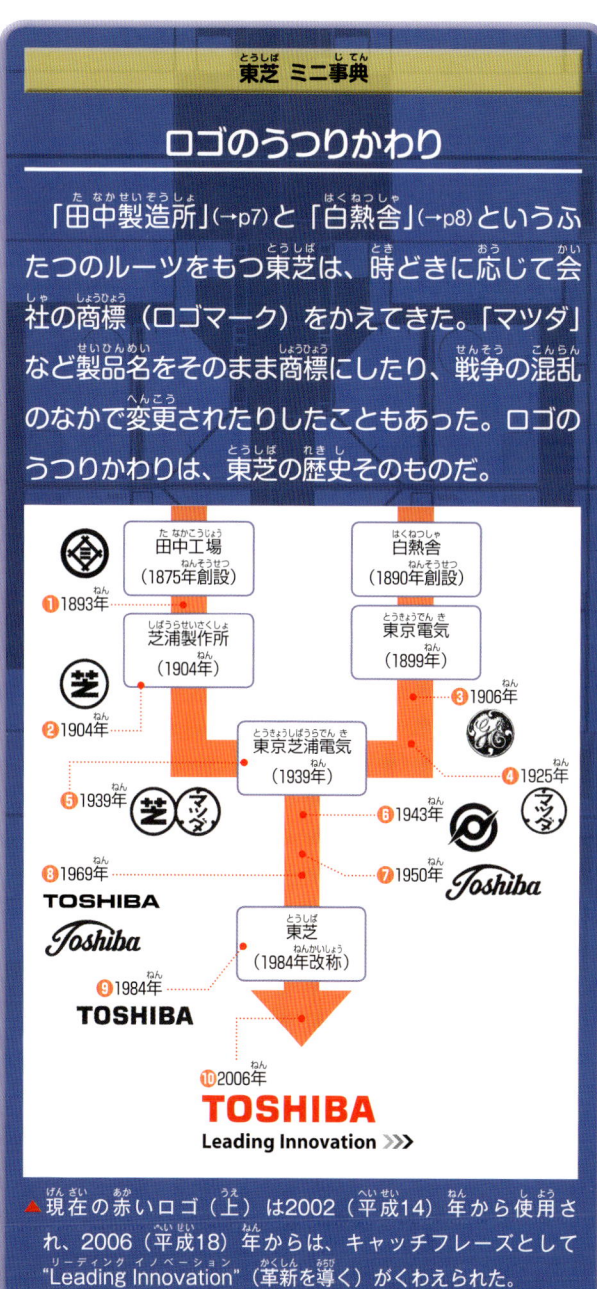

2 からくり儀右衛門《ぎえもん》

東芝《とうしば》の創業《そうぎょう》に重要《じゅうよう》な役割《やくわり》をはたした2人《ふたり》の人物《じんぶつ》の1人《ひとり》、田中久重《たなかひさしげ》は江戸時代《えどじだい》の生《う》まれ。わずか8歳《さい》で、人《ひと》をおどろかすからくりをつくってから、82歳《さい》で生涯《しょうがい》をとじるまで、すぐれた発明《はつめい》をつづけ、東芝《とうしば》の基礎《きそ》をつくった。

▲田中久重《たなかひさしげ》(1799～1881年《ねん》)と、妻《つま》のヨシ。

発明《はつめい》の才能《さいのう》

田中久重《たなかひさしげ》は、1799(寛政《かんせい》11)年《ねん》9月《がつ》に筑後《ちくごの》国久留米《くにくるめ》(いまの福岡県久留米市《ふくおかけんくるめし》)で生《う》まれました。べっこう細工《ざいく》*1師《し》であった父親《ちちおや》の影響《えいきょう》を受《う》けて、おさないころからさまざまなからくり*2やしくみを創作《そうさく》しました。儀右衛門《ぎえもん》とよばれた久重《ひさしげ》は、その後《ご》「からくり儀右衛門《ぎえもん》」として後世《こうせい》に名《な》をのこすことになりますが、記録《きろく》にある最初《さいしょ》のエピソードは、わずか8歳《さい》のときのものです。ひみつのしくみがわからないと開《あ》けられないすずり箱《ばこ》をつくって友《とも》だちに見《み》せては、喜《よろこ》んでいたといいます。彼《かれ》の発明《はつめい》の才能《さいのう》は、ユーモアとアイデアからはじまりました。

＊1 ウミガメの一種《いっしゅ》であるタイマイの甲羅《こうら》を材料《ざいりょう》に、さまざまな工芸品《こうげいひん》をつくること。

＊2 日本《にほん》の伝統的《でんとうてき》な機械《きかい》じかけの人形《にんぎょう》や模型《もけい》、機械装置《きかいそうち》のこと。祭《まつり》の山車《だし》などにつかわれる。

からくりづくりから精密機械《せいみつきかい》へ

からくりをつくることに打《う》ちこむ久重《ひさしげ》は、20代《だい》のころ、大坂《おおさか》(いまの大阪《おおさか》)、京都《きょうと》、江戸《えど》(いまの東京《とうきょう》)などをめぐりました。行《い》くさきざきで久重《ひさしげ》がつくる「からくり人形《にんぎょう》」は、人《ひと》びとを大《おお》いにおどろかせたといいます。

そのしくみは、重《じゅう》

▼▶田中久重《たなかひさしげ》が製作《せいさく》した「童子盃台《どうじさかずきだい》」(下《した》)と「弓曳童子《ゆみひきどうじ》」(右《みぎ》)。さかずきを運《はこ》ぶ、弓《ゆみ》を引《ひ》いて矢《や》をいるなど、それぞれの人形《にんぎょう》がこまかな動作《どうさ》をする。

力《りょく》や、水力《すいりょく》、空気圧《くうきあつ》、歯車《はぐるま》などを利用《りよう》したものでした。それがのちの、数《かず》かずの精密機械《せいみつきかい》の発明《はつめい》につながります。なかでも久重《ひさしげ》が50歳《さい》をすぎてからつくった「万年自鳴鐘《まんねんじめいしょう》（万年時計《まんねんどけい》）」は彼《かれ》の最《さい》高傑作《こうけっさく》となりました。6面《めん》ある文字盤《もじばん》には、西洋《せいよう》時計《どけい》と和時計《わどけい》*1のほかに、曜日《ようび》や月《つき》の満《み》ち欠《か》けなど､時間《じかん》をあらわすあらゆる要素《ようそ》がもりこまれた、おどろきの発明《はつめい》でした。そこには、「進《すす》んだ西洋《せいよう》技術《ぎじゅつ》を受《う》けいれるだけでなく、日本《にほん》の生活文化《せいかつぶんか》を融合《ゆうごう》させ、社会《しゃかい》に役立《やくだ》つものとする」という、久《ひさ》重《しげ》の信念《しんねん》があらわれていました。目的《もくてき》は金《かね》もうけでなく、すぐれた知識《ちしき》を一般大衆《いっぱんたいしゅう》にまで広《ひろ》めて、世《よ》の中全体《なかぜんたい》の文化《ぶんか》を向上《こうじょう》させることでした。この信念《しんねん》は、のちの東芝《とうしば》の技術者《ぎじゅつしゃ》たちに受《う》けつがれました。

田中製造所《たなかせいぞうしょ》の設立《せつりつ》

江戸幕府《えどばくふ》がたおれて明治《めいじ》にうつるまでの激動《げきどう》の時代《じだい》に、久重《ひさしげ》は蒸気機関車《じょうききかんしゃ》や、蒸気船《じょうきせん》、大砲《たいほう》などの製作《せいさく》をおこないました。さらに、明治《めいじ》の新《あたら》しい時代《じだい》になると、自転車《じてんしゃ》や精米機《せいまいき》など、人《ひと》びとの生《せい》活《かつ》に密着《みっちゃく》した発明《はつめい》もおこなうようになりました。

1873（明治《めいじ》6）年《ねん》、73歳《さい》のとき、久重《ひさしげ》は政《せい》府《ふ》から、文明開化《ぶんめいかいか》をおし進《すす》めるために力《ちから》をかすようにいわれました。1875（明治《めいじ》8）年《ねん》7月《がつ》11日《にち》、いまの東京都中央区銀座《とうきょうとちゅうおうくぎんざ》8丁目《ちょうめ》に工場《こうじょう》と店《みせ》をかねた「田中工場《たなかこうじょう》」を創業《そうぎょう》。そこには、「万般《ばんぱん》の機械考案《きかいこうあん》の依頼《いらい》に応《おう》ず（どんな機械《きかい》の発明《はつめい》でも相《そう》談《だん》にのります)」との看板《かんばん》がかかげられました。これがのちの東芝《とうしば》の発祥《はっしょう》となりました。

彼《かれ》は82歳《さい》でなくなるまで、電信機《でんしんき》*2、羅針盤《らしんばん》など、さまざまなものを開発《かいはつ》しました。「人《ひと》びとの役《やく》にたつ」という久重《ひさしげ》の信念《しんねん》は、義理《ぎり》の息子《むすこ》で弟子《でし》の田中大吉《たなかだいきち》（2代目久重《だいめひさしげ》）に引《ひ》きつがれます。久重《ひさしげ》がなくなった翌《よく》1882（明治《めいじ》15）年《ねん》、大吉《だいきち》は田中工場《たなかこうじょう》を引《ひ》きつぎ、「田中製造所《たなかせいぞうしょ》」を設立《せつりつ》しました。

▲田中製造所《たなかせいぞうしょ》が芝浦《しばうら》に移転《いてん》してもうけられた「芝浦製作所《しばうらせいさくしょ》」。

*1 1日《にち》がつねに24時間《じかん》にわけられる西洋時計《せいようどけい》とちがって、和時計《わどけい》は、夜《よ》あけと日《ひ》ぐれを基準《きじゅん》に昼《ひる》と夜《よる》をそれぞれ6等分《とうぶん》し、不定時法《ふていじほう》（昼夜《ちゅうや》の長《なが》さが季節《きせつ》によってことなる）を示《しめ》すようにつくられたもの。

*2 電報《でんぽう》を送《おく》る「電信《でんしん》」にもちいられる装置《そうち》。

東芝《とうしば》 ミニ事典《じてん》

「万年自鳴鐘《まんねんじめいしょう》」の復元《ふくげん》

東芝未来科学館《とうしばみらいかがくかん》(→p36)に展示《てんじ》されている「万年《まんねん》自鳴鐘《じめいしょう》」は、2004（平成《へいせい》16）年《ねん》、文部科学省《もんぶかがくしょう》のプロジェクト「江戸《えど》のモノづくり」で分析《ぶんせき》・復《ふく》元《げん》された。そこでは、季節《きせつ》による昼夜《ちゅうや》の長《なが》さの変化《へんか》で一時《いっとき》の長《なが》さがかわる日本式《にほんしき》の時刻表示《じこくひょうじ》を自動《じどう》でおこなうという、世界《せかい》でただひとつの機《き》能《のう》があらためて確認《かくにん》された。時計《とけい》メーカーの技《ぎ》術者《じゅつしゃ》たちもそのすばらしさに感銘《かんめい》を受《う》けたという。「万年自鳴鐘《まんねんじめいしょう》」は2006（平成《へいせい》18）年《ねん》に国《くに》の重要文化財《じゅうようぶんかざい》に指定《してい》され、翌年《よくとし》には機械遺《きかいい》産《さん》*に認定《にんてい》された。

*機械技術《きかいぎじゅつ》の発展《はってん》に貢献《こうけん》したとして、日本機械学会《にほんきかいがっかい》が認定《にんてい》した日本国内《にほんこくない》の事物《じぶつ》の総称《そうしょう》。

▶田中久重《たなかひさしげ》の最高傑作《さいこうけっさく》、「万年自鳴鐘《まんねんじめいしょう》」。

3 電球《でんきゅう》で世《よ》の中《なか》をてらす

東芝《とうしば》の創業《そうぎょう》にかかわるもう1人《ひとり》の人物《じんぶつ》、藤岡市助《ふじおかいちすけ》は、明治時代《めいじじだい》の初期《しょき》にエジソンから影響《えいきょう》を受《う》け、日本初《にほんはつ》の電球《でんきゅう》の製作《せいさく》などで世《よ》の中《なか》に貢献《こうけん》した。

藤岡市助《ふじおかいちすけ》（1857～1918年《ねん》）。

電気《でんき》の専門家《せんもんか》

藤岡市助《ふじおかいちすけ》は、1857年《ねん》、江戸時代《えどじだい》の安政《あんせい》4年《ねん》3月《がつ》に、周防国《すおうのくに》岩国《いわくに》（いまの山口県岩国市《やまぐちけんいわくにし》）に生《う》まれました。おさないときから学問《がくもん》をおさめ、17歳《さい》で工部省《こうぶしょう》工学寮《こうがくりょう》（のちの工部大学校《こうぶだいがっこう》。東京大学《とうきょうだいがく》工学部《こうがくぶ》の前身《ぜんしん》）に入学《にゅうがく》して電気《でんき》について学《まな》びます。1878（明治《めいじ》11）年《ねん》には学生《がくせい》として、工部大学《こうぶだいがっ》校講堂《こうこうどう》での日本初《にほんはつ》のアーク灯《とう》*点灯実験《てんとうじっけん》に参加《さんか》しました。大学《だいがく》を卒業《そつぎょう》したころ、「田中製造所《たなかせいぞうしょ》」の創業者《そうぎょうしゃ》の2代目《だいめ》田中久重《たなかひさしげ》に出《で》あいます。その後《ご》、アーク灯用《とうよう》の発電機《はつでんき》を設計《せっけい》・製作《せいさく》すると、1884（明治《めいじ》17）年《ねん》に、政府《せいふ》から指名《しめい》されてアメリカにわたり、電気産業《でんきさんぎょう》を視察《しさつ》することになりました。そこで出《で》あったのが「発明王《はつめいおう》」トーマス・エジソンでした。

*管《かん》のなかに電気《でんき》を放電《ほうでん》させてつくった明《あ》かり。白熱電球以前《はくねつでんきゅういぜん》の、電気《でんき》による照明《しょうめい》。

エジソンからの助言《じょげん》

アメリカで博覧会《はくらんかい》や電気産業《でんきさんぎょう》を視察《しさつ》したのち、市助《いちすけ》はエジソンの研究室《けんきゅうしつ》をたずねました。彼《かれ》はエジソンにこう語《かた》ったといいます。「日本《にほん》に帰《かえ》ったら、電気事業《でんきじぎょう》の創設《そうせつ》にわが身《み》をささげます」。すると、エジソンは自分《じぶん》より10歳若《さいわか》い20代《だい》なかばすぎの市助《いちすけ》に向《む》かって、こういいました。「日本《にほん》を電気《でんき》の国《くに》にするのは、たいへんよいことだ。だがひとつだけ忠告《ちゅうこく》しておこう。どんなに電力《でんりょく》が豊富《ほうふ》でも、電気器具《でんききぐ》を輸入《ゆにゅう》するようでは、国《くに》はほろびる。まず電気器具《でんききぐ》の製造《せいぞう》から手《て》がけ、日本《にほん》を自《じ》給自足《きゅうじそく》のできる国《くに》にしなさい」と。エジソンのことばを胸《むね》に帰国《きこく》した市助《いちすけ》は、電球《でんきゅう》の実用化《じつようか》に向《む》けて動《うご》きだします。1886（明治《めいじ》19）年《ねん》にはまず、東京電力《とうきょうでんりょく》の前身《ぜんしん》となる「東京電燈《とうきょうでんとう》」の開業《かいぎょう》にかかわります。さらに4年後《ねんご》にはみずから「白熱舎《はくねつしゃ》」を創設《そうせつ》し、本格的《ほんかくてき》な電球《でんきゅう》の製造《せいぞう》をはじめました。当初《とうしょ》は1日数個《にちすうこ》しか電球《でんきゅう》を製造《せいぞう》できませんでしたが、1年後《ねんご》には1日《にち》に150個近《こちか》く製造《せいぞう》することができるようになりました。

市助《いちすけ》はその後《ご》も、電車《でんしゃ》（路面電車《ろめんでんしゃ》）を考案《こうあん》・設《せっ》計《けい》して、岩国《いわくに》で鉄道会社《てつどうがいしゃ》の社長《しゃちょう》になったり、日本《にほん》初《はつ》のエレベーターを設計《せっけい》・設置《せっち》したりするなど、電気《でんき》によって人《ひと》びとの暮《く》らしをゆたかにすることに力《ちから》をつくしました。

第《だい》3回内国勧業博覧会《かいないこくかんぎょうはくらんかい》で、日本初《にほんはつ》の電車《でんしゃ》が運転《うんてん》された（1890年《ねん》）。

◀日本初《にほんはつ》の超高層建築《ちょうこうそうけんちく》物《ぶつ》として有名《ゆうめい》な、「凌《りょう》雲閣《うんかく》（浅草十二階《あさくさじゅうにかい》）」。藤岡市助《ふじおかいちすけ》が設計《せっけい》したエレベーターが取《と》りつけられた。

「マツダランプ」を製造《せいぞう》・発売《はつばい》

1905（明治《めいじ》38）年《ねん》、市助《いちすけ》は、エジソンが創《そう》業《ぎょう》しその後事業《ごじぎょう》を拡大《かくだい》していた、アメリカのゼネラルエレクトリック社《しゃ》と提携《ていけい》し、1911（明治《めいじ》44）年《ねん》には、タングステン*1電球《でんきゅう》の「マツダランプ」*2を発売《はつばい》しました。これによって、価格《かかく》が安《やす》く、じょうぶな国産電球《こくさんでんきゅう》が普及《ふきゅう》することになります。

その後《ご》、市助《いちすけ》の情熱《じょうねつ》をついだ「東京電気《とうきょうでんき》」*3の技術者《ぎじゅつしゃ》が、「二重《にじゅう》コイル」「内面《ないめん》つや消《け》し」という、画期的《かっきてき》なふたつの発明《はつめい》をもたらしました。これによって、近代《きんだい》にあらわれた白熱電球《はくねつでんきゅう》はほぼ完成《かんせい》形《けい》に近《ちか》づきました。

＊1 金属元素《きんぞくげんそ》の一種《いっしゅ》。銀灰色《ぎんかいしょく》のきわめてかたい金属《きんぞく》。
＊2「マツダ」はアメリカの電球会社《でんきゅうがいしゃ》のブランド名《めい》。
＊3 1899（明治《めいじ》 32）年《ねん》に、「白熱舎《はくねつしゃ》」から改名《かいめい》した。

◀▲マツダランプ（左《ひだり》）とマツダランプの広告《こうこく》（上《うえ》、1955年《ねん》ごろ）。

東芝《とうしば》 ミニ事典《じてん》

二重《にじゅう》コイルと内面《ないめん》つや消《け》し

白熱舎《はくねつしゃ》では、白熱電球《はくねつでんきゅう》の製造《せいぞう》をはじめたころ、電球《でんきゅう》のなかで発熱《はつねつ》・発光《はっこう》する部分《ぶぶん》のフィラメントの材料《ざいりょう》に、木綿《もめん》の繊維《せんい》を炭《すみ》にしたものをつかっていた。その後日本《ごにほん》の竹《たけ》をつかったが、2時間《じかん》ほどで焼《や》けおちてしまうため、東京電気《とうきょうでんき》になってから、より長《なが》もちするタングステン電球《でんきゅう》の製造《せいぞう》をはじめた（1910年《ねん》ごろ）。直線状《ちょくせんじょう》だったフィラメントのタングステンをコイル状《じょう》にすることで、寿《じゅ》命《みょう》と明《あか》るさがますことがわかると、1921（大正《たいしょう》10）年《ねん》、技術者《ぎじゅつしゃ》たちは単一《たんいつ》コイルをもう一度《いちど》らせん状《じょう》にした「二重《にじゅう》コイル電球《でんきゅう》」を試作《しさく》。この二《に》重《じゅう》コイル電球《でんきゅう》は、単一《たんいつ》コイル電球《でんきゅう》とくらべてさらに長《なが》もちした。その後《ご》、さらに研究《けんきゅう》をつづけて、1936（昭和《しょうわ》11）年《ねん》に「新《しん》マツダランプ」として発売《はつばい》。また、電球《でんきゅう》がまぶしすぎることが問題《もんだい》になると、ガラス球《きゅう》の内部《ないぶ》を化学的《かがくてき》につや消《け》しにすることにも挑戦《ちょうせん》。強度《きょうど》が弱《よわ》くなるなどの問題《もんだい》をこくふくして、1925（大正《たいしょう》14）年《ねん》に「内面《ないめん》つや消《け》し電球《でんきゅう》」の製作《せいさく》にも成功《せいこう》した。東芝《とうしば》では世界初《せかいはつ》となる製品《せいひん》も数多《かずおお》いが、この「二重《にじゅう》コイル」と、「内《ない》面《めん》つや消《け》し電球《でんきゅう》」もそのひとつだ。

◀世界初《せかいはつ》の「二重《にじゅう》コイル電球《でんきゅう》」。

▶「内面《ないめん》つや消《け》し電球《でんきゅう》」を量産化《りょうさんか》したのも、世界初《せかいはつ》。

4 重電機《じゅうでんき》と軽電機《けいでんき》の合併《がっぺい》

「田中製造所《たなかせいぞうしょ》」（芝浦製作所《しばうらせいさくしょ》）と「東京電気《とうきょうでんき》」は、戦争《せんそう》や災害《さいがい》、経済不況《けいざいふきょう》などめまぐるしい時代《じだい》のながれのなかで、重電機《じゅうでんき》と軽電機《けいでんき》というたがいの得意分野《とくいぶんや》をさらにのばし、国《くに》に貢献《こうけん》するため合併《がっぺい》することになった。

▶朝鮮《ちょうせん》の発電所《はつでんしょ》におさめた、10万ｋＶＡ《まんキロボルトアンペア》発電機《はつでんき》（1939年《ねん》）。

重電機《じゅうでんき》の田中製造所《たなかせいぞうしょ》

田中久重《たなかひさしげ》が創業《そうぎょう》した「田中工場《たなかこうじょう》」（のちの田中《たなか》製造所《せいぞうしょ》）では、通信機《つうしんき》（電信機《でんしんき》）など、さまざまな機械《きかい》を製作《せいさく》していました。通信機《つうしんき》は軍《ぐん》の近代兵器《きんだいへいき》に使用《しよう》されたため、海軍《かいぐん》の注文《ちゅうもん》を受《う》けて会社《かいしゃ》は順調《じゅんちょう》に発展《はってん》しました。その後《ご》、1904（明治《めいじ》37）年《ねん》におこった日露戦争《にちろせんそう》*1をきっかけとして、日本《にほん》の重工業《じゅうこうぎょう》は全体《ぜんたい》に発展《はってん》していきます。橋《はし》げたや鉱山用《こうざんよう》の機械《きかい》なども製造《せいぞう》していた田中製造所《たなかせいぞうしょ》でも、水力発電用《すいりょくはつでんよう》の発電機《はつでんき》、電気鉄道用《でんきてつどうよう》の機械類《きかいるい》、変圧器《へんあつき》など、「重電機《じゅうでんき》」とよばれる大型《おおがた》の電気機械《でんききかい》の製造《せいぞう》がじょじょに中心《ちゅうしん》となっていきました。

芝浦製作所《しばうらせいさくしょ》が順調《じゅんちょう》に発展《はってん》

1904（明治《めいじ》37）年《ねん》6月《がつ》に田中製造所《たなかせいぞうしょ》は改名《かいめい》し、「芝浦製作所《しばうらせいさくしょ》」が創業《そうぎょう》しました。その後《ご》、第一次世界大戦《だいいちじせかいたいせん》（1914～1918年《ねん》）、関東大震災《かんとうだいしんさい》*2（1923〔大正《たいしょう》12〕年《ねん》9月1日《がつついたち》）、昭和《しょうわ》の時代《じだい》（1926年《ねん》～）に入《はい》ってからの経済不況《けいざいふきょう》など、会社《かいしゃ》を運営《うんえい》していくうえで大《おお》きな波《なみ》がいくつもありました。とくに関東大震災《かんとうだいしんさい》では、そのころ日本《にほん》全国《ぜんこく》の電気製品《でんきせいひん》の60～70%《パーセント》を生産《せいさん》していたといわれる芝浦製作所《しばうらせいさくしょ》が機能《きのう》を停止《ていし》したため、社会《しゃかい》に大《おお》きな影響《えいきょう》をもたらしました。このような試練《しれん》にもたえて、芝浦製作所《しばうらせいさくしょ》は工場《こうじょう》を拡張《かくちょう》していきました。1931（昭和《しょうわ》6）年《ねん》に満州事変《まんしゅうじへん》がおこってからの戦争《せんそう》の時代《じだい》には、軍関係《ぐんかんけい》の電気機械《でんききかい》や器具《きぐ》を中心《ちゅうしん》に生産《せいさん》が急増《きゅうぞう》しました。それにともなって技術《ぎじゅつ》の向上《こうじょう》も進《すす》み、朝鮮半島《ちょうせんはんとう》の水力発電計画《すいりょくはつでんけいかく》において、この時期《じき》に世界最大《せかいさいだい》となる水車発電機《すいしゃはつでんき》を製造《せいぞう》するなど、大《おお》きな実績《じっせき》をあげました。

*1 1904～1905（明治《めいじ》37～38）年《ねん》に、日本《にほん》と帝政《ていせい》ロシアが、満州《まんしゅう》（いまの中国《ちゅうごく》の東北部《とうほくぶ》）と朝鮮半島《ちょうせんはんとう》の権力《けんりょく》をにぎろうとしてあらそった戦争《せんそう》。日本《にほん》が勝《か》って、講和条約《こうわじょうやく》を結《むす》んだ。

*2 神奈川県相模湾《かながわけんさがみわん》を震源《しんげん》に発生《はっせい》した、マグニチュード7.9の大地震《おおじしん》。東京《とうきょう》を中心《ちゅうしん》に大《おお》きな被害《ひがい》がもたらされた。

▶「芝浦製作所《しばうらせいさくしょ》」の事務所《じむしょ》（1919年《ねん》）。

▼合併当時《がっぺいとうじ》の「東京芝浦電気《とうきょうしばうらでんき》」の川崎工場《かわさきこうじょう》。

軽電機《けいでんき》の東京電気《とうきょうでんき》

いっぽう、藤岡市助《ふじおかいちすけ》が創業《そうぎょう》した白熱舎《はくねつしゃ》から発展《はってん》した東京電気《とうきょうでんき》は、1899（明治《めいじ》32）年《ねん》ごろには白熱電球《はくねつでんきゅう》を１日《にち》1000個《こ》ほども生産《せいさん》していましたが、価格《かかく》の安《やす》い輸入品《ゆにゅうひん》が出《で》まわって売《う》れゆきが悪《わる》くなっていました。しかし、そのころ全国各地《ぜんこくかくち》に水力発電所《すいりょくはつでんしょ》が建設《けんせつ》されはじめ、電気《でんき》が一般《いっぱん》の家庭《かてい》まで普及《ふきゅう》するようになり、「マツダランプ」(→p9)、さらに二重《にじゅう》コイルのフィラメントを採用《さいよう》した「新《しん》マツダランプ」(→p9)などのすぐれた製品《せいひん》を発売《はつばい》したことで売上《うりあげ》は急上昇《きゅうじょうしょう》。この間《かん》、東京電気《とうきょうでんき》は電球《でんきゅう》以外《いがい》の製品《せいひん》も手《て》がけるようになりました。1927（昭和《しょうわ》２）年《ねん》には総売上高《そううりあげだか》の70%《パーセント》が電球《でんきゅう》でしたが、10年後《ねんご》には、真空管《しんくうかん》、ラジオ、無線機器《むせんきき》、家庭電気器具《かていでんききぐ》などの製造《せいぞう》が60%《パーセント》をしめるまでになりました。これらの電気機器《でんききき》は、重電機《じゅうでんき》に対《たい》して「軽電機《けいでんき》」とよばれ、東京電気《とうきょうでんき》は軽電機製《けいでんきせい》造《ぞう》の第一人者《だいいちにんしゃ》となりました。

◀「新《しん》マツダランプ」のポスター（1936年《ねん》）。

戦争《せんそう》のさなかに合併《がっぺい》

満州事変《まんしゅうじへん》からはじまった日本《にほん》と中国《ちゅうごく》の戦争《せんそう》は、その後《ご》の第二次世界大戦《だいにじせかいたいせん》へとつながり、国民《こくみん》は10数年《すうねん》にわたる苦《くる》しい時期《じき》をすごします。

この時期《じき》、芝浦製作所《しばうらせいさくしょ》と東京電気《とうきょうでんき》は、電気工業《でんきこうぎょう》の技術《ぎじゅつ》が進歩《しんぽ》して重電機《じゅうでんき》と軽電機《けいでんき》とを組《く》みあわせた製品《せいひん》が多《おお》くなったこともあって、密接《みっせつ》な関係《かんけい》になっていました。ふたつの会社《かいしゃ》は合併《がっぺい》*に向《む》けて動《うご》きだし、最終的《さいしゅうてき》には1939（昭和《しょうわ》14）年《ねん》７月《がつ》１日《ついたち》づけで合併《がっぺい》をはたし、「東京芝浦電気株式会社《とうきょうしばうらでんきかぶしきがいしゃ》」が誕生《たんじょう》しました。新会社《しんがいしゃ》の社長《しゃちょう》になった山口喜三郎《やまぐちきさぶろう》は、日本《にほん》のゼネラルエレクトリック社《しゃ》(→p9)ともいうべき、総合電機《そうごうでんき》メーカーをつくろうと考《かんが》えていたといいます。この社名《しゃめい》は、1984（昭和《しょうわ》59）年《ねん》に「株式会社《かぶしきがいしゃ》 東芝《とうしば》」と変更《へんこう》されるまでつかわれました。

*複数《ふくすう》の会社《かいしゃ》がひとつになること。

▲合併記念祝賀会《がっぺいきねんしゅくがかい》で祝辞《しゅくじ》をのべる山口喜三郎社長《やまぐちきさぶろうしゃちょう》（右《みぎ》）。合併《がっぺい》のとき、芝浦製作所《しばうらせいさくしょ》の「芝《しば》」と、東京電気《とうきょうでんき》の主力製品《しゅりょくせいひん》である「マツダランプ」の、ふたつのマークをならべたものを、商標《しょうひょう》（ロゴマーク）とした（左《ひだり》）。

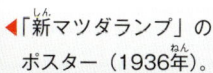

5 戦時体制《せんじたいせい》から戦後《せんご》の再建《さいけん》へ

**東芝《とうしば》は戦時中《せんじちゅう》、軍需会社《ぐんじゅがいしゃ》として大《おお》きな役割《やくわり》をになわされた。
開発《かいはつ》した高度《こうど》な技術《ぎじゅつ》も多《おお》くは戦争《せんそう》に利用《りよう》された。
しかし戦後《せんご》は、さまざまな障害《しょうがい》をのりこえて、発展《はってん》に向《む》けて
たしかな歩《あゆ》みをはじめた。**

軍事物資《ぐんじぶっし》の需要《じゅよう》にこたえる

1941（昭和《しょうわ》16）年《ねん》12月《がつ》に日本《にほん》が第二次世《だいにじせ》界大戦《かいたいせん》にくわわると、政府《せいふ》は戦争《せんそう》を進《すす》めるのに必《ひつ》要《よう》な武器《ぶき》や航空機《こうくうき》をつくったり、液体燃料《えきたいねんりょう》を生産《せいさん》したりする産業《さんぎょう》などに、予算《よさん》と労働力《ろうどうりょく》を重点的《じゅうてんてき》にそそぎこむ方針《ほうしん》をたてました。当初《とうしょ》の電信機《でんしんき》からはじまって、軍関係《ぐんかんけい》の電気機械《でんききかい》や器具《きぐ》をつくっていた「東京芝浦電気株式会社《とうきょうしばうらでんきかぶしきがいしゃ》」（本書《ほんしょ》では、以降《いこう》「東芝《とうしば》」）も、戦争《せんそう》がはげしくなるなか、国家《こっか》の要《よう》請《せい》にこたえるかたちで、軍事物資《ぐんじぶっし》として無線機《むせんき》や真空管《しんくうかん》、機器《きき》の原動力《げんどうりょく》となる発電機《はつでんき》などの生産《せいさん》をおし進《すす》め、生産量《せいさんりょう》は飛躍的《ひやくてき》にふえました。いっぽうで、空襲《くうしゅう》を受《う》けて工場《こうじょう》が焼失《しょうしつ》するなど、生産能《せいさんのう》力《りょく》が極度《きょくど》に低下《ていか》することもありました。

▼旧日本軍《きゅうにほんぐん》の夜間戦闘機《やかんせんとうき》「月光《げっこう》」。夜間飛行《やかんひこう》にも無線機《むせんき》やレーダーが活躍《かつやく》した。

▲戦争末期《せんそうまっき》には、多《おお》くの若《わか》い女性《じょせい》たちが「女子挺身隊《じょしていしんたい》」として、軍需《ぐんじゅ》工場《こうじょう》ではたらいた。

工場《こうじょう》の疎開《そかい》

東芝《とうしば》は、軍《ぐん》の需要《じゅよう》を満《み》たすために、国内各地《こくないかくち》に大規模《だいきぼ》な工場《こうじょう》を多《おお》くもうけ、会社規模《かいしゃきぼ》も従業員数《じゅうぎょういんすう》もどんどんふくらんでいきました。しかし、戦争《せんそう》の末期《まっき》にアメリカ軍《ぐん》による空襲《くうしゅう》がつづくようになると、軍事物資《ぐんじぶっし》をつくっていたことで爆撃《ばくげき》のまととなり、空襲《くうしゅう》の被害《ひがい》を受《う》けました。そのため東芝《とうしば》は、国《くに》の命令《めいれい》にしたがって、空襲《くうしゅう》の被害《ひがい》が比較的《ひかくてき》少《すく》ない北海道《ほっかいどう》、東北《とうほく》、北陸《ほくりく》、中国《ちゅうごく》、四国《しこく》、九州《きゅうしゅう》など遠《とお》くの地《ち》に、工場《こうじょう》を疎《そ》開《かい》*させました。じつはこの疎開《そかい》のおかげで、うつされた重要機械《じゅうようきかい》の多《おお》くが空襲《くうしゅう》を受《う》けずにすみ、戦後《せんご》の復興《ふっこう》に大《おお》きく役《やく》立《だ》ったのです。

* 空襲《くうしゅう》などの被害《ひがい》を少《すく》なくするため、人《ひと》や建物《たてもの》を、人口《じんこう》が少《すく》ない地域《ちいき》などに分散《ぶんさん》すること。

◀東芝第《とうしばだい》4代社長《だいしゃちょう》、石坂泰三《いしざかたいぞう》。1956（昭和《しょうわ》31）年《ねん》から12年間《ねんかん》、経済団体《けいざいだんたい》連合会《れんごうかい》（経団連《けいだんれん》。日本《にほん》の代表的《だいひょうてき》な企業《きぎょう》や団体《だんたい》などが加盟《かめい》する経済団体《けいざいだんたい》）第《だい》2代会長《だいかいちょう》として、経済界全体《けいざいかいぜんたい》のリーダーの座《ざ》にあった。

終戦《しゅうせん》と石坂泰三《いしざかたいぞう》のはたらき

1945（昭和《しょうわ》20）年《ねん》8月《がつ》15日《にち》に日本《にほん》の敗戦《はいせん》で戦争《せんそう》が終《お》わると、東芝《とうしば》は軍需製品《ぐんじゅせいひん》の生産《せいさん》から180度転換《どてんかん》して、民需《みんじゅ》（民間《みんかん》の需要《じゅよう》）をめざすことになりました。空襲《くうしゅう》などで焼《や》けた工場《こうじょう》を廃止《はいし》し、アジア各国《かっこく》にあった工場《こうじょう》も閉鎖《へいさ》しました。従業員数《じゅうぎょういんすう》は終戦《しゅうせん》から1か月後《げつご》には半数以下《はんすういか》となりました。復興《ふっこう》をめざすうえで障害《しょうがい》となったのは、戦後《せんご》の混乱《こんらん》のなかで物価《ぶっか》があがってひどいインフレ[*1]になったことと、連合国軍総司令部《れんごうこくぐんそうしれいぶ》（GHQ《ジーエイチキュー》）[*2]から戦争《せんそう》に協力《きょうりょく》した企業《きぎょう》として指摘《してき》され、会社《かいしゃ》の規模《きぼ》を削減《さくげん》されたことでした。それでも東芝《とうしば》は役員《やくいん》を入《い》れかえる、製造品目《せいぞうひんもく》を見《み》なおす、工場《こうじょう》を整理《せいり》する、さらに疎開《そかい》させていた重要機械《じゅうようきかい》を工場《こうじょう》によびもどすなどして、ちゃくちゃくと復興《ふっこう》に向《む》けて進《すす》んでいきました。

▲労組《ろうそ》との交渉《こうしょう》の場《ば》での石坂泰三社長《いしざかたいぞうしゃちょう》。

この時期《じき》に先頭《せんとう》にたって会社《かいしゃ》の建《た》てなおしにつとめたのが、1949（昭和《しょうわ》24）年《ねん》4月《がつ》に社長《しゃちょう》についた石坂泰三《いしざかたいぞう》でした。石坂《いしざか》がまずおこなったことは、労働組合《ろうどうくみあい》（労組《ろうそ》）[*3]対策《たいさく》でした。きびしい交渉《こうしょう》のなかでも、石坂《いしざか》は会社《かいしゃ》の将来《しょうらい》のために人員《じんいん》整理《せいり》（従業員数《じゅうぎょういんすう》をへらすこと）を進《すす》めました。最終的《さいしゅうてき》に、会社側《かいしゃがわ》と労組側《ろうそがわ》で協約《きょうやく》が取《と》りきめられたのは、1956（昭和《しょうわ》31）年《ねん》のことでした。石坂《いしざか》社長《しゃちょう》の在任期間《ざいにんきかん》は8年《ねん》におよび、その後《ご》の東芝《とうしば》の発展《はってん》のいしずえをつくりました。

＊1 インフレーションの略語《りゃくご》。モノの値段《ねだん》が上《あ》がり、お金《かね》の価値《かち》が下《さ》がりつづける状態《じょうたい》のこと。

＊2 第二次世界大戦後《だいにじせかいたいせんご》、アメリカ政府《せいふ》が占領政策《せんりょうせいさく》をおこなうために、日本《にほん》に設置《せっち》した機関《きかん》。

＊3 労働組合《ろうどうくみあい》とは、労働者《ろうどうしゃ》が労働条件《ろうどうじょうけん》の改善《かいぜん》などをもとめて、組織《そしき》する団体《だんたい》。戦時中《せんじちゅう》は禁止《きんし》されていた労組活動《ろうそかつどう》が、戦後《せんご》GHQ《ジーエイチキュー》から認《みと》められた。

東芝《とうしば》 ミニ事典《じてん》

技術開発《ぎじゅつかいはつ》と戦争《せんそう》

東芝《とうしば》は戦争《せんそう》の時代《じだい》でも数《かず》かずの新製品《しんせいひん》を発表《はっぴょう》したが、戦争《せんそう》の影響《えいきょう》も大《おお》きかった。1928（昭和《しょうわ》3）年《ねん》にはテレビジョンの研究《けんきゅう》を開始《かいし》。1939（昭和《しょうわ》14）年《ねん》9月《がつ》には完成《かんせい》発表会《はっぴょうかい》を開《ひら》いた。また翌年《よくとし》1940年《ねん》には、国内初《こくないはつ》の蛍光《けいこう》ランプ（蛍光灯《けいこうとう》）を製作《せいさく》した。しかし、これらの技術《ぎじゅつ》は戦争《せんそう》につかわれることになり、テレビ技術《ぎじゅつ》は電波兵器《でんぱへいき》に、蛍光灯《けいこうとう》は潜水艦《せんすいかん》の照明《しょうめい》へと利用《りよう》された。

▶日本初《にほんはつ》の蛍光《けいこう》ランプは、発熱《はつねつ》がなく明《あか》るいことから、1940（昭和《しょうわ》15）年《ねん》からはじまった、奈良県《ならけん》・法隆寺《ほうりゅうじ》の壁画模写《へきがもしゃ》プロジェクトの照明《しょうめい》にも採用《さいよう》された。

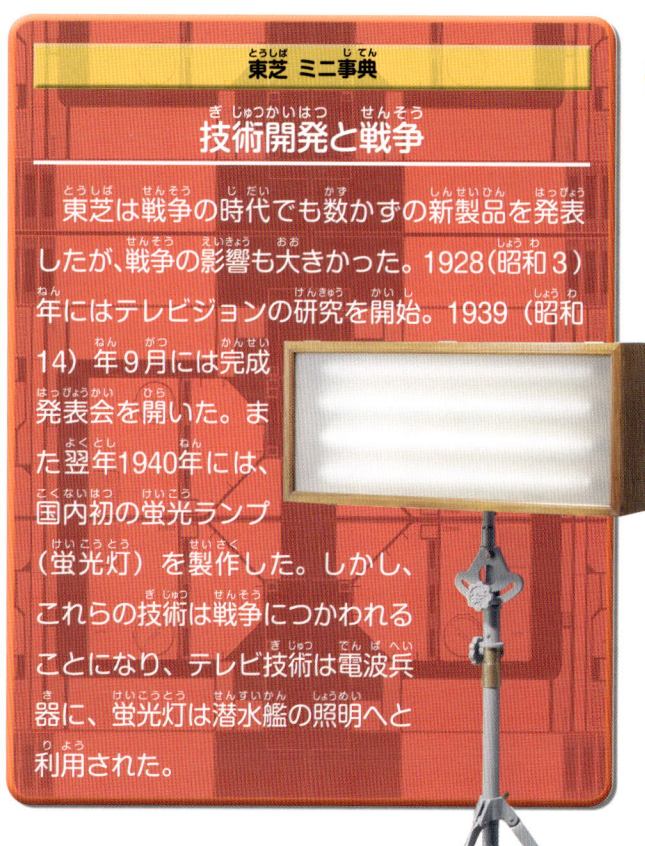

6 高度《こうど》経済《けいざい》成長《せいちょう》のもとで

昭和《しょうわ》30年代《ねんだい》に入《はい》って経済発展《けいざいはってん》をはじめた日本《にほん》で、東芝《とうしば》は、発電機《はつでんき》などの重電機《じゅうでんき》と、家庭電化製品《かていでんかせいひん》などの軽電機《けいでんき》の両方《りょうほう》の分野《ぶんや》でさまざまな製品《せいひん》を生《う》みだし、業界《ぎょうかい》をけん引《いん》する存在《そんざい》として大《おお》きく発展《はってん》した。

「もはや戦後《せんご》ではない」

1956（昭和《しょうわ》31）年《ねん》、経済企画庁《けいざいきかくちょう》（いまは内閣府《ないかくふ》に統合《とうごう》された）は経済白書《けいざいはくしょ》*1のなかで、「もはや戦後《せんご》ではない」としるしました。終戦後《しゅうせんご》の復興《ふっこう》の時期《じき》から10年《ねん》がたって、各産業《かくさんぎょう》も人《ひと》びとの暮《く》らしぶりも落《お》ちつきを取《と》りもどし、日本《にほん》は成長《せいちょう》段階《だんかい》に入《はい》っていました。この高度経済成長《こうどけいざいせいちょう》*2の時代《じだい》のなかでも、とくに昭和《しょうわ》30年代前半《ねんだいぜんはん》（1955～1960年《ねん》ごろ）は、世界《せかい》でもこれまでなかったほどの景気《けいき》ののびが見《み》られました。とくに、すべての産業《さんぎょう》を支《ささ》える電力《でんりょく》をもたらす電源開発《でんげんかいはつ》*3の需要《じゅよう》がいちじるしく、ダムの建設《けんせつ》があいつぎ、水力《すいりょく》発電《はつでん》と、火力発電《かりょくはつでん》に使用《しよう》される発電機《はつでんき》の需要《じゅよう》が高《たか》まりました。さらに、電力《でんりょく》が豊富《ほうふ》になることと対応《たいおう》して、家庭《かてい》の電化《でんか》がブームになり、電化製品《でんかせいひん》が大《おお》いに売《う》れました。昭和《しょうわ》30年代前半《ねんだいぜんはん》の数年間《すうねんかん》でも、電機業界全体《でんきぎょうかいぜんたい》の売上《うりあげ》は５倍《ばい》ほどになり、そのなかでも東芝《とうしば》の躍進《やくしん》はめざましいものがありました。

＊1 内閣府《ないかくふ》（旧経済企画庁《きゅうけいざいきかくちょう》）が 1947（昭和《しょうわ》 22）年《ねん》から発行《はっこう》している、国民経済《こくみんけいざい》の年次報告《ねんじほうこく》。

＊2 1954（昭和《しょうわ》 29）年《ねん》ごろから 1973（昭和《しょうわ》 48）年《ねん》ごろまで、日本経済《にほんけいざい》が飛躍的《ひやくてき》に発展《はってん》した時期《じき》のこと。

＊3 発電所《はつでんしょ》を建設《けんせつ》すること。

重電機部門《じゅうでんきぶもん》の飛躍《ひやく》

昭和《しょうわ》30年代《ねんだい》に電源開発《でんげんかいはつ》が進《すす》んだことで、東芝《とうしば》の重電機部門《じゅうでんきぶもん》でもとくに発電設備《はつでんせつび》の製造《せいぞう》に大《おお》きな需要《じゅよう》がもたらされました。受注額《じゅちゅうがく》は、1954（昭和《しょうわ》29）年《ねん》とくらべて、1957（昭和《しょうわ》32）年《ねん》には４倍《ばい》になり、1961（昭和《しょうわ》36）年《ねん》には７倍《ばい》になりました。このような急激《きゅうげき》な需要《じゅよう》の増加《ぞうか》に対応《たいおう》するため、水力発電設備《すいりょくはつでんせつび》の水車《すいしゃ》を製造《せいぞう》する会社《かいしゃ》や、タービン*4を製造《せいぞう》する会社《かいしゃ》を吸収《きゅうしゅう》・合併《がっぺい》して、生産体制《せいさんたいせい》をととのえました。さらに、この時期《じき》に電源開発《でんげんかいはつ》の主流《しゅりゅう》が水力《すいりょく》から火力《かりょく》にうつると、火力発《かりょくはつ》

＊4 水《みず》などの流体《りゅうたい》の運動《うんどう》エネルギーを、機械《きかい》の回転運動《かいてんうんどう》のエネルギーに変換《へんかん》する原動機《げんどうき》。

◀▲1961（昭和《しょうわ》36）年《ねん》に完成《かんせい》した奥只見《おくただみ》ダム（左《ひだり》）と、奥只《おくただ》見《み》水力発電所《すいりょくはつでんしょ》・発電機《はつでんき》（上《うえ》）。東芝《とうしば》の発電機《はつでんき》が納入《のうにゅう》された。

水力発電《すいりょくはつでん》のしくみ

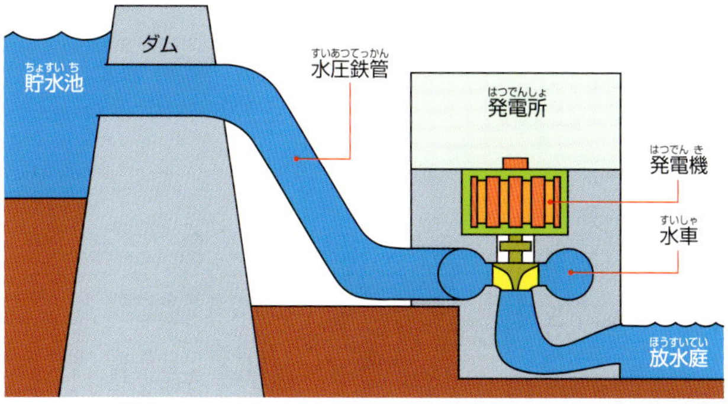

▲ダムから放水《ほうすい》された水《みず》のいきおいで、発電所《はつでんしょ》のなかの水車《すいしゃ》がまわり、発電機《はつでんき》のタービンを回転《かいてん》させて発電《はつでん》する。

電用《でんよう》の発電機《はつでんき》や、送電《そうでん》・変電設備《へんでんせつび》の製造《せいぞう》にも力《ちから》を入《い》れました。

またこの時期《じき》に、重電機部門《じゅうでんきぶもん》では水車発電機《すいしゃはつでんき》の輸出《ゆしゅつ》も活発《かっぱつ》におこなわれ、そのほかにも、電車用《でんしゃよう》電気品《でんきひん》や機関車《きかんしゃ》の注文《ちゅうもん》などを受《う》けました。1960（昭和《しょうわ》35）年《ねん》には、国鉄《こくてつ》の新幹線《しんかんせん》[*1]計画《けいかく》にも参加《さんか》しました。

家庭《かてい》の電化《でんか》がブームに

家庭電化《かていでんか》（家電《かでん》）ブームも、この時期《じき》の特徴《とくちょう》のひとつでした。高度経済成長《こうどけいざいせいちょう》のもとで人《ひと》びとの所得《しょとく》がぐんぐんふえると、生活水準《せいかつすいじゅん》が全体的《ぜんたいてき》に向上《こうじょう》していきました。そのなかで、家庭向《かていむ》けの電化製品《でんかせいひん》があいついで登場《とうじょう》し、とくに、電気洗濯機《でんきせんたくき》・白黒《しろくろ》テレビ・電気冷蔵庫《でんきれいぞうこ》は「三種《さんしゅ》の神器《じんぎ》」[*2]ともてはやされました。この時期《じき》に東芝《とうしば》が開発《かいはつ》し、日本《にほん》初《はつ》として販売《はんばい》したものに、電気炊飯器《でんきすいはんき》（自動式電気《じどうしきでんき》がま）や電気《でんき》こたつがあります。また、家庭《かてい》の照明《しょうめい》として、発熱電球《はつねつでんきゅう》にかわって蛍光《けいこう》ランプのしめる割合《わりあい》が急増《きゅうぞう》したのもこの時期《じき》でした。

*1 世界初《せかいはつ》の新幹線《しんかんせん》である東海道新幹線《とうかいどうしんかんせん》は、1964（昭和《しょうわ》 39）年《ねん》10月1日《がつついたち》に開業《かいぎょう》した。

*2「神器《じんぎ》」とは神《かみ》を祭《まつ》るときにもちいる器具《きぐ》だが、それをもじって、家庭《かてい》にそなえたい高価《こうか》な電化製品《でんかせいひん》のことをさした。

▼日本初《にほんはつ》の自動式電気《じどうしきでんき》がま（左《ひだり》、1955年発売《ねんはつばい》）と、電気《でんき》やぐらこたつ（右《みぎ》、1957年発売《ねんはつばい》）。

電子《でんし》・通信機器部門《つうしんききぶもん》の急成長《きゅうせいちょう》

昭和《しょうわ》30年代《ねんだい》に急成長《きゅうせいちょう》したものに、エレクトロニクス（電子《でんし》）技術《ぎじゅつ》があります。東芝《とうしば》は、長年《ながねん》にわたる無線通信技術《むせんつうしんぎじゅつ》の積《つ》みかさねがあったため、それに関連《かんれん》するエレクトロニクス分野《ぶんや》の開拓者《かいたくしゃ》として、業界《ぎょうかい》を引《ひ》っぱりました。開発《かいはつ》に力《ちから》を入《い》れたもののひとつがラジオで、売上《うりあげ》は最初《さいしょ》の5年《ねん》で5倍以上《ばいいじょう》になりました。また白黒《しろくろ》テレビ、さらにはカラーテレビなどがじょじょに普及《ふきゅう》していきました。

さらにこの分野《ぶんや》の製品《せいひん》は、家庭用《かていよう》だけにとどまりませんでした。

- NHK《エヌエイチケイ》や民間放送《みんかんほうそう》が開局《かいきょく》したのにともなって、テレビ局用《きょくよう》の放送機器《ほうそうきき》を製造《せいぞう》。
- 航空機《こうくうき》と空港《くうこう》が発展《はってん》にするのにあわせて、空港監視《くうこうかんし》レーダーを製造《せいぞう》。
- 電子計算機《でんしけいさんき》を研究《けんきゅう》・開発《かいはつ》し、のちに電子計算機事業部《でんしけいさんきじぎょうぶ》をもうけた。
- 放射線《ほうしゃせん》を利用《りよう》した、医療用《いりょうよう》の特殊診断装置《とくしゅしんだんそうち》を開発《かいはつ》。

このような電子《でんし》・通信機《つうしんき》などの精密機器《せいみつきき》の開発《かいはつ》は、のちに大《おお》きく発展《はってん》するコンピューター類《るい》の開発《かいはつ》の先《さき》がけとなりました。

▲日本初《にほんはつ》のテレビ放送機《ほうそうき》。1952（昭和《しょうわ》27）年《ねん》にNHK《エヌエイチケイ》に納入《のうにゅう》したもの。

7 海外《かいがい》への展開《てんかい》から グローバル企業《きぎょう》へ

高度経済成長期《こうどけいざいせいちょうき》から、東芝《とうしば》は海外展開《かいがいてんかい》を積極的《せっきょくてき》に進《すす》めた。いくつかの困難《こんなん》や景気《けいき》のうつりかわりをへて、一大《いちだい》グローバル企業《きぎょう》に成長《せいちょう》した。

輸出《ゆしゅつ》の成長《せいちょう》

東芝《とうしば》は、昭和《しょうわ》30年代《ねんだい》（1955年《ねん》〜）の高度経済成長期《こうどけいざいせいちょうき》(→p14)に、積極的《せっきょくてき》に輸出《ゆしゅつ》を拡大《かくだい》します。しかしそのころの日本製品《にほんせいひん》は一般的《いっぱんてき》に、「安《やす》かろう悪《わる》かろう」*1といわれ、国際的《こくさいてき》な競争力《きょうそうりょく》が弱《よわ》いとされていました。東芝《とうしば》の輸出高《ゆしゅつだか》も1957（昭和《しょうわ》32）年《ねん》は16億円《おくえん》で、総売上高《そううりあげだか》のなかの輸出比率《ゆしゅつひりつ》はわずか2%《パーセント》。その後《ご》、技術《ぎじゅつ》を進歩《しんぽ》させ、生産《せいさん》を合理化《ごうりか》することによって、良質《りょうしつ》の製品《せいひん》を輸出《ゆしゅつ》できるようになると、1961（昭和《しょうわ》36）年《ねん》には輸出高《ゆしゅつだか》が118億円《おくえん》となりました。おもな輸出製品《ゆしゅつせいひん》には、トランジスタ*2ラジオ、真空管《しんくうかん》、半導体《はんどうたい》(→p5)などの軽電機《けいでんき》と、発電《はつでん》・送電機《そうでんき》や多《おお》くの産業用電気製品《さんぎょうようでんきせいひん》などの重電機《じゅうでんき》がありました。電車《でんしゃ》を大量《たいりょう》に輸出《ゆしゅつ》することもありました。輸出先《ゆしゅつさき》は、南北《なんぼく》アメリカ、さらに東南《とうなん》アジア、中近東《ちゅうきんとう》*3などにも拡大《かくだい》しました。

▲アルゼンチンに向《む》けて電車《でんしゃ》が輸出《ゆしゅつ》された。

1970年代《ねんだい》（昭和《しょうわ》45年《ねん》〜）になると、急激《きゅうげき》な円高《えんだか》*4とオイルショック*5というふたつの困難《こんなん》がふりかかりましたが、それでも70年代後半《ねんだいこうはん》にはたちなおり、輸出高《ゆしゅつだか》が1000億円《おくえん》をこえるほどになりました。その後《ご》も輸出高《ゆしゅつだか》は順調《じゅんちょう》にのび、いっぽうで海外現地生産《かいがいげんちせいさん》の比重《ひじゅう》もじょじょに高《たか》まっていきました。

*1 値段《ねだん》の安《やす》いものは、それなりの品質《ひんしつ》しかなく、よいものはない、という意味《いみ》。

*2 半導体《はんどうたい》を利用《りよう》した、電気信号《でんきしんごう》をあやつるための部品《ぶひん》。ラジオやテレビの小型化《こがたか》に大《おお》きな役割《やくわり》をはたした。

*3 イラン、イラク、サウジアラビアなどを中心《ちゅうしん》とした、西《にし》アジアから北《きた》アフリカにかけての地域《ちいき》。イスラム教国《きょうこく》が多《おお》い。

*4 外国《がいこく》の通貨《つうか》に対《たい》して円《えん》の価値《かち》が高《たか》まる状態《じょうたい》。1970年代《ねんだい》には円《えん》の価値《かち》が2倍以上《ばいいじょう》になり、外国《がいこく》では日本製品《にほんせいひん》の価格《かかく》が急激《きゅうげき》にあがった。

*5 第《だい》4次中東戦争《じちゅうとうせんそう》がおこったことと関連《かんれん》して、イラン、イラク、クウェート、サウジアラビア、アラブ首長国連邦《しゅちょうこくれんぽう》など、中東《ちゅうとう》のアラブ諸国《しょこく》が、それまで約《やく》100年間安《ねんかんやす》くおさえられていた石油価格《せきゆかかく》をいっせいに、平均《へいきん》して約《やく》4倍《ばい》に値上《ねあ》げした。

海外事務所《かいがいじむしょ》から販売会社《はんばいがいしゃ》、製造会社《せいぞうがいしゃ》へ

輸出《ゆしゅつ》の拡大《かくだい》にともなって海外市場《かいがいしじょう》への積極的《せっきょくてき》な進出《しんしゅつ》をめざした東芝《とうしば》は、現地《げんち》に事務所《じむしょ》を開設《かいせつ》しました。1956（昭和《しょうわ》31）年《ねん》にアルゼンチン、その後《ご》、アメリカやヨーロッパ、アジア、オーストラリアなどの主要都市《しゅようとし》に次《つぎ》つぎと事務所《じむしょ》を開《ひら》きました。海外事務所《かいがいじむしょ》は1980（昭和《しょうわ》55）年《ねん》には世界《せかい》で25か所《しょ》になり、販売《はんばい》をおこなう海外販売会社《かいがいはんばいがいしゃ》（代理店《だいりてん》）も輸出拡大《ゆしゅつかくだい》に貢献《こうけん》しました。

▼東芝《とうしば》シンガポール社《しゃ》での作業《さぎょう》のようす。

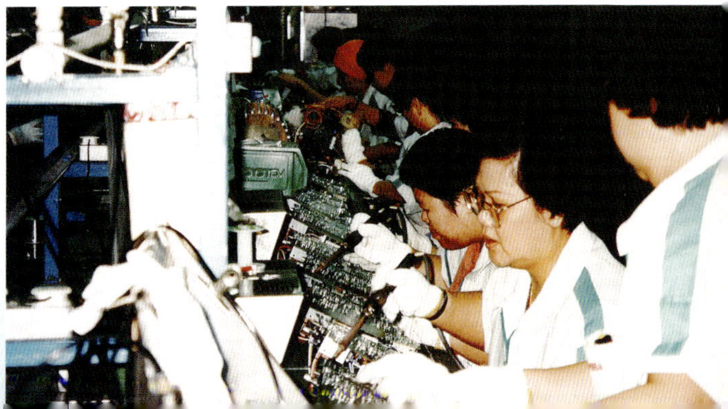

▲地上《ちじょう》40階《かい》建《だ》ての東芝《とうしば》ビルがたつ芝浦《しばうら》の地《ち》には、高速道路《こうそくどうろ》や新幹線《しんかんせん》がまぢかに走《はし》っている。

次《つぎ》におこなったのは、海外《かいがい》に製造会社《せいぞうがいしゃ》をもうけることでした。じつは1970年代《ねんだい》のアメリカなどでは、電気製品《でんきせいひん》や鉄鋼《てっこう》、自動車《じどうしゃ》でも、安《やす》くて良《りょう》質《しつ》の日本製品《にほんせいひん》の輸入量《ゆにゅうりょう》がふえてきたため、国内《こくない》メーカーの販売《はんばい》がおとろえて失業者《しつぎょうしゃ》がふえる事態《じたい》が出《で》てきました。この状況《じょうきょう》は政治問題《せいじもんだい》となり、日《に》本《ほん》からの輸出量《ゆしゅつりょう》を制限《せいげん》する*1ことが決《き》められました。これは、日本《にほん》のメーカーがこぞって海外《かいがい》での現地生産《げんちせいさん》をはじめる理由《りゆう》のひとつとなりました。現地《げんち》に生産工場《せいさんこうじょう》をもうけると、人《ひと》をやとい、その国《くに》に税金《ぜいきん》をしはらうなど、現地《げんち》の経済《けいざい》に貢献《こうけん》できます。また、日本《にほん》から輸出《ゆしゅつ》するより輸送《ゆそう》コストがかからないこともメリットでした。東芝《とうしば》の現地工《げんちこう》場《じょう》は、ブラジル、アメリカ（テネシー州《しゅう》）、コスタリカ、シンガポールなどにもうけられ、カラーテレビ、電子《でんし》レンジ、音響機器《おんきょうきき》、ビデオレコーダー、モーター、半導体《はんどうたい》、コンピューターなど、多《おお》くの製品《せいひん》が生産《せいさん》されるようになりました。

史上最高《しじょうさいこう》の業績《ぎょうせき》と、会社名変更《かいしゃめいへんこう》

オイルショック以降低調《いこうていちょう》だった日本全体《にほんぜんたい》の景気《けいき》も、1970年代後半《ねんだいこうはん》から回復《かいふく》しはじめました。国内《こくない》では、発電関連機器《はつでんかんれんきき》や昇降機《しょうこうき》、放送衛星《ほうそうえいせい》などの産業用機器《さんぎょうようきき》と、半導体《はんどうたい》、ブラウン管《かん》*2、医療機器《いりょうきき》、小型《こがた》コンピューター、コピー機《き》など、エレクトロニクス機器《きき》の売上《うりあげ》が大《おお》きくのび、家電《かでん》の販売《はんばい》も好調《こうちょう》でした。さらに、着実《ちゃくじつ》に実績《じっせき》をのばした輸出《ゆしゅつ》もあわせて、1977（昭和《しょうわ》52）年《ねん》から、東芝本体《とうしばほんたい》*3の総売上高《そううりあげだか》が1兆円《ちょうえん》をこえるようになりました。

業績《ぎょうせき》が拡大《かくだい》し、グローバル企業《きぎょう》*4としてたしかな歩《あゆ》みをつづける東芝《とうしば》は、1983（昭和《しょうわ》58）年《ねん》3月《がつ》に、歴史《れきし》のある芝浦《しばうら》の地《ち》に本社《ほんしゃ》ビルを新築《しんちく》。さらに翌《よく》1984（昭和《しょうわ》59）年《ねん》4月《がつ》、第二次世界《だいにじせかい》大戦前《たいせんまえ》からつかわれてきた「東京芝浦電気株式会《とうきょうしばうらでんきかぶしきがい》社《しゃ》」から「株式会社《かぶしきがいしゃ》 東芝《とうしば》」に会社名《かいしゃめい》を変更《へんこう》しました。

＊1 例《れい》として、日本《にほん》からアメリカへの1977（昭和《しょうわ》52）年《ねん》のカラーテレビ輸出台数《ゆしゅつだいすう》は、前年《ぜんねん》から40％《パーセント》へらされた。

＊2 ドイツ人《じん》のブラウンが発明《はつめい》した、電気信号《でんきしんごう》を像《ぞう》に変換《へんかん》して出力《しゅつりょく》する装置《そうち》。テレビやパソコンのモニター画面《がめん》などに利用《りよう》された。

＊3 東芝本社《とうしばほんしゃ》と工場《こうじょう》などさまざまな拠点《きょてん》をあわせたよび方《かた》。

＊4 世界《せかい》じゅうを顧客《こきゃく》として、はば広《ひろ》い事業活動《じぎょうかつどう》をおこなう企業《きぎょう》。

東芝《とうしば》 ミニ事典《じてん》

『ひかる東芝《とうしば》』

『ひかる東芝《とうしば》』は、1956（昭和《しょうわ》31）年《ねん》から2002（平成《へいせい》14）年《ねん》まで東芝《とうしば》が一社《いっしゃ》で提供《ていきょう》*した番組《ばんぐみ》だった、TBS《ティービーエス》テレビ「東芝日曜劇場《とうしばにちようげきじょう》」でつかわれていたコマーシャルソング。その歌詞《かし》は、「ひかる東芝《とうしば》」（電灯《でんとう》など照明器具《しょうめいきぐ》）、「まわる東芝《とうしば》」（モーター類《るい》）、「走《はし》る東芝《とうしば》」（電車《でんしゃ》の制御装置《せいぎょそうち》など）、「歌《うた》う東芝《とうしば》」（レコードなど音楽事業《おんがくじぎょう》）などと、東芝《とうしば》が総合電機《そうごうでんき》メーカーとしてさまざまな製品《せいひん》をあつかっていることをアピールした内容《ないよう》となっていた。

＊番組《ばんぐみ》の制作費《せいさくひ》を出《だ》すこと。

8 新《あたら》しい分野《ぶんや》への進出《しんしゅつ》

昇降機《しょうこうき》、原子力《げんしりょく》、カラーテレビ、郵便物《ゆうびんぶつ》の自動処理《じどうしょり》、これらはどれも、昭和《しょうわ》30年代《ねんだい》から40年代《ねんだい》にかけて、東芝《とうしば》があらたに手《て》がけた分野《ぶんや》だ。その後《ご》、積《つ》みかさねた経験《けいけん》とたしかな技術《ぎじゅつ》で、業界《ぎょうかい》をリードしていく。

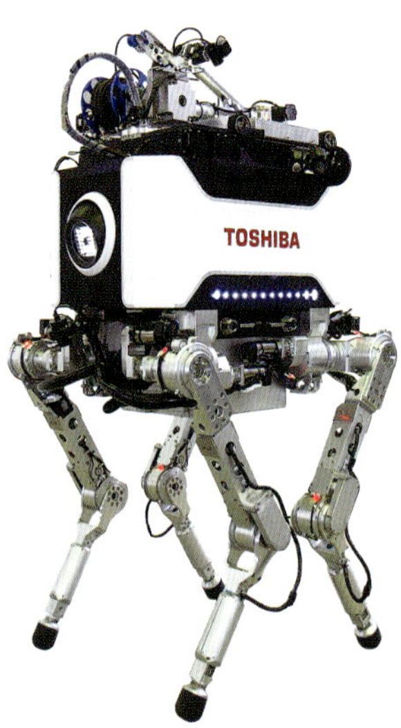

▶福島第一原子力発電所《ふくしまだいいちげんしりょくはつでんしょ》の事故《じこ》ののちに、人《ひと》による作業《さぎょう》ができない場所《ばしょ》で調査《ちょうさ》や復旧作業《ふっきゅうさぎょう》をおこなうために現場《げんば》に投入《とうにゅう》された、東芝《とうしば》の4足歩行《そくほこう》ロボット。

エレベーター、エスカレーターを製造《せいぞう》

東芝《とうしば》は、昭和《しょうわ》40年代《ねんだい》（1965年《ねん》～）に事業《じぎょう》の多角化《たかくか》を進《すす》め、いくつかの新《あたら》しい事業《じぎょう》を開拓《かいたく》しました。そのひとつが、エレベーターとエスカレーターの昇降機事業《しょうこうきじぎょう》でした。昭和《しょうわ》30年代《ねんだい》にはほかの昇降機《しょうこうき》メーカーの販売《はんばい》に協力《きょうりょく》するだけでしたが、需要《じゅよう》の高《たか》まりを見《み》きわめて、1966（昭和《しょうわ》41）年《ねん》3月《がつ》から、エスカレーターの製造販売《せいぞうはんばい》を開始《かいし》。さらに同年《どうねん》10月《がつ》からはエレベーターの製造販売《せいぞうはんばい》もはじめました。翌《よく》1967（昭和《しょうわ》42）年《ねん》5月《がつ》に、東京都《とうきょうと》の府中市《ふちゅうし》に高速《こうそく》エレベーター用《よう》の研究塔《けんきゅうとう》を建設《けんせつ》するなど、昇降機《しょうこうき》の生産体制《せいさんたいせい》をととのえました。

なおこの部門《ぶもん》では、後年《こうねん》、東京《とうきょう》スカイツリー®（2012〔平成《へいせい》24〕年《ねん》5月《がつ》開業《かいぎょう》）で、高《たか》さ350m《メートル》の「天望《てんぼう》デッキ」までを約《やく》50秒《びょう》で結《むす》ぶ高速《こうそく》エレベーターを納入《のうにゅう》するなどの実績《じっせき》をあげました（→p29）。

◀東芝府中事業所《とうしばふちゅうじぎょうしょ》にある現在《げんざい》のエレベーター研究塔《けんきゅうとう》。高《たか》さは135.65m《メートル》。

原子力事業《げんしりょくじぎょう》に進出《しんしゅつ》

1963（昭和《しょうわ》38）年《ねん》10月《がつ》、原子力発電《げんしりょくはつでん》の試験《しけん》が日本《にほん》ではじめておこなわれ、1966（昭和《しょうわ》41）年《ねん》7月《がつ》には、茨城県《いばらきけん》の東海発電所《とうかいはつでんしょ》で営業運転《えいぎょううんてん》がはじめられました。これ以降《いこう》、各地《かくち》の電力会社《でんりょくがいしゃ》はいっせいに原子力発電《げんしりょくはつでん》を進《すす》めていきました。

東芝《とうしば》ではそれ以前《いぜん》から原子力研究《げんしりょくけんきゅう》のための実験装置《じっけんそうち》などを製造《せいぞう》しており、発電機《はつでんき》やタービン製造《せいぞう》などの実績《じっせき》もあったため、各地《かくち》に原子力発電所《げんしりょくはつでんしょ》を開設《かいせつ》するにあたって、原子炉《げんしろ》をふくめた設備一式《せつびいっしき》の建設《けんせつ》を受注《じゅちゅう》することになりました。1967（昭和《しょうわ》42）年《ねん》にはアメリカのゼネラルエレクトリック社《しゃ》（→p9）から、発電用原子炉《はつでんようげんしろ》についての技術《ぎじゅつ》を導入《どうにゅう》しました。

2011（平成《へいせい》23）年《ねん》3月《がつ》の東日本大震災《ひがしにほんだいしんさい》で、福島第一原子力発電所《ふくしまだいいちげんしりょくはつでんしょ》が津波《つなみ》によって破壊《はかい》されたあと、東芝《とうしば》は国《くに》や東京電力《とうきょうでんりょく》と協力《きょうりょく》して、放射性物質《ほうしゃせいぶっしつ》の流出《りゅうしゅつ》を防《ふせ》ぎ、原子炉《げんしろ》を安全《あんぜん》に廃止《はいし》するためのさまざまなシステムやロボットを開発《かいはつ》しています。また、発電所内《はつでんしょない》の除染活動《じょせんかつどう》にも貢献《こうけん》しています。

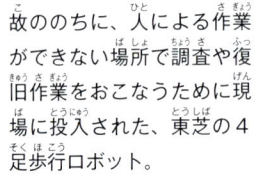

▲初期《しょき》のカラーテレビ用《よう》ブラウン管製造《かんせいぞう》のようす。

純国産《じゅんこくさん》カラーテレビの開発《かいはつ》

1953（昭和《しょうわ》28）年《ねん》にテレビ放送《ほうそう》がはじまって7年後《ねんご》の1960（昭和《しょうわ》35）年《ねん》9月《がつ》には、カラーのテレビ放送《ほうそう》もはじまりました。東芝《とうしば》はそれに先《さき》がけて、1950（昭和《しょうわ》25）年《ねん》からカラーテレビ（受像機《じゅぞうき》）の研究《けんきゅう》をはじめました。当時《とうじ》、カラーテレビの主要《しゅよう》な部品《ぶひん》であるブラウン管《かん》(→p17)は、おもに海外《かいがい》から輸入《ゆにゅう》されていましたが、東芝《とうしば》は純国産《じゅんこくさん》のカラーテレビをめざし、ブラウン管《かん》の開発《かいはつ》に取《と》りくみました。

初期《しょき》の17インチ*1ブラウン管《かん》の製造《せいぞう》には、蛍光面《けいこうめん》*2（画面《がめん》）に赤《あか》・緑《みどり》・青《あお》3色《しょく》*3の小さなガラスのつぶを90万個《まんこ》もはんだづけするという、技術的《ぎじゅつてき》なむずかしさがありました。失敗《しっぱい》をくりかえし、1958（昭和《しょうわ》33）年《ねん》のクリスマスの日《ひ》にようやく1本目《ぼんめ》のブラウン管《かん》に光《ひかり》をともすことに成功《せいこう》。その2か月後《げつご》には、純国産部品《じゅんこくさんぶひん》をつかった国産第《こくさんだい》1号《ごう》のカラーテレビを完成《かんせい》させ、1960（昭和《しょうわ》35）年《ねん》7月《がつ》に販売《はんばい》を開始《かいし》しました。それはカラーのテレビ放送《ほうそう》がはじまるわずか2か月前《げつまえ》のことでした

東芝《とうしば》はその後《ご》、画質《がしつ》や機能《きのう》をどんどん高《たか》め(→p20)、2010（平成《へいせい》22）年《ねん》にはメガネがなくても映像《えいぞう》を立体的《りったいてき》に見《み》ることができるグラスレス3D《スリーディー》テレビを開発《かいはつ》。さらにその技術《ぎじゅつ》を、病院《びょういん》でつかう手術用《しゅじゅつよう》のディスプレイなどにも応用《おうよう》しています。

▶「グラスレス3D《スリーディー》レグザ GL《ジーエル》1シリーズ」（2010年《ねん》）。

*1 テレビの画面《がめん》の大《おお》きさは、対角線《たいかくせん》の長《なが》さをインチ（1インチは約《やく》2.5cm《センチメートル》）であらわす。17インチは約《やく》43cm《センチメートル》。
*2 外部《がいぶ》からの刺激《しげき》で光《ひかり》を発《はっ》する蛍光体《けいこうたい》をぬった面《めん》。
*3 赤《あか》・緑《みどり》・青《あお》は光《ひかり》の3原色《げんしょく》。まぜあわせるにつれて色《いろ》が明《あか》るくなり、3色《しょく》を重《かさ》ねると白《しろ》になる。

郵便物自動処理装置《ゆうびんぶつじどうしょりそうち》の開発《かいはつ》

1965（昭和《しょうわ》40）年《ねん》に、郵政省《ゆうせいしょう》*4の要請《ようせい》ではじまったユニークな開発《かいはつ》に、郵便物自動処理装置《ゆうびんぶつじどうしょりそうち》があります。郵便局《ゆうびんきょく》での業務《ぎょうむ》の約《やく》80%《パーセント》をしめる、「選別《せんべつ》する」「取《と》りそろえる」「消印《けしいん》を押《お》す」「区分《くぶん》する」の4工程《こうてい》を、自動《じどう》でおこなおうというものです。さらに、郵便番号読《ゆうびんばんごうよ》みとりの実験機《じっけんき》をわずか3か月《げつ》で製作《せいさく》。1966（昭和《しょうわ》41）年度《ねんど》内《ない》には「取《と》りそろえ押印機《おういんき》」「選別機《せんべつき》」の試作機《しさくき》も完成《かんせい》させました。これらによって郵政省《ゆうせいしょう》は、1968（昭和《しょうわ》43）年《ねん》7月《がつ》からあらたに郵便番号《ゆうびんばんごう》制度《せいど》（この当時《とうじ》は5ケタ）を発足《ほっそく》させることができました。その後《ご》も郵政省《ゆうせいしょう》からさまざまなシステム開発《かいはつ》の注文《ちゅうもん》を受《う》け、さらには、それらのシステムをオーストラリア、アメリカ、カナダ、オランダなどの国《くに》ぐにに輸出《ゆしゅつ》しました。

*4 2001（平成《へいせい》13）年《ねん》1月《がつ》まで存在《そんざい》した国《くに》の省庁《しょうちょう》。現在《げんざい》その事業《じぎょう》は、郵政事業庁《ゆうせいじぎょうちょう》、総務省《そうむしょう》などに分割《ぶんかつ》・吸収《きゅうしゅう》されている。

▼当時《とうじ》、郵便局《ゆうびんきょく》に納入《のうにゅう》された、郵便物自動処理装置《ゆうびんぶつじどうしょりそうち》。

9 技術《ぎじゅつ》の東芝《とうしば》1

創業以来《そうぎょういらい》、東芝《とうしば》が独自《どくじ》の技術力《ぎじゅつりょく》で生《う》みだしたさまざまな製品《せいひん》には、日本初《にほんはつ》、世界初《せかいはつ》と認《みと》められ、時代《じだい》を動《うご》かすほどの影響《えいきょう》をあたえたものも多《おお》い。IC《アイシー》、マイコンなどのすぐれた技術《ぎじゅつ》が、そのひみつだ。

▶東芝《とうしば》カラーテレビ20C《シー》60（1971年《ねん》発売《はつばい》）。

困難《こんなん》な時代《じだい》の製品開発《せいひんかいはつ》

「三種《さんしゅ》の神器《じんぎ》」(→p15)の普及率《ふきゅうりつ》が90%《パーセント》をこえたといわれる1970年代前半《ねんだいぜんはん》（昭和《しょうわ》45～50年《ねん》ごろ）は、日本経済《にほんけいざい》が円高《えんだか》とオイルショック(→p16)の影響《えいきょう》を受《う》けた期間《きかん》であり、高度経済成長《こうどけいざいせいちょう》(→p14)が終《お》わった時期《じき》でもありました。さまざまな経済《けいざい》上《じょう》の困難《こんなん》があったこの時期《じき》、東芝《とうしば》では業務《ぎょうむ》の効率《こうりつ》化《か》を進《すす》め、いっぽうで、輸出《ゆしゅつ》と海外生産《かいがいせいさん》に力《ちから》を入《い》れる(→p16)ことと、伝統《でんとう》の技術力《ぎじゅつりょく》を生《い》かして他社《たしゃ》がまねできない新製品《しんせいひん》を開発《かいはつ》することにつとめました。そのなかには、その後《ご》、人《ひと》びとの生活《せいかつ》を大《おお》きくかえるほどの重大《じゅうだい》な意味《いみ》をもつ製品《せいひん》もありました。

世界初《せかいはつ》のIC《アイシー》化《か》[*1]カラーテレビ

東芝《とうしば》が日本初《にほんはつ》のカラーテレビを発売《はつばい》したころは、まだほとんどが白黒《しろくろ》テレビの時代《じだい》でしたが、将来《しょうらい》を見《み》すえて、さらに高性能《こうせいのう》のカラーテレビの開発《かいはつ》を進《すす》めました。

じつは東芝《とうしば》は、カラーテレビ発売《はつばい》の前《まえ》の1959（昭和《しょうわ》34）年《ねん》に、日本初《にほんはつ》のトランジスタ(→p16)式《しき》テレビ（白黒《しろくろ》）を完成《かんせい》させていました。カラーテレビの高性能化《こうせいのうか》も、1969（昭和《しょうわ》44）年《ねん》から研《けん》究《きゅう》と開発《かいはつ》をはじめました。かぎとなったのは、トランジスタをはるかに上《うわ》まわる機能《きのう》もつ、IC《アイシー》（集積回路《しゅうせきかいろ》[*2]）でした。2年後《ねんご》の1971（昭和《しょうわ》46）年《ねん》には、世界初《せかいはつ》のIC化《アイシーか》カラーテレビを完成《かんせい》させました。その特長《とくちょう》は、高性能《こうせいのう》の回路《かいろ》を採用《さいよう》することで、部品《ぶひん》を大《おお》はばにへらせたことでした。さらに、手作業《てさぎょう》で部品《ぶひん》をはんだづけすることも少《すく》なくなり、信頼性《しんらいせい》がましました。製造工程《せいぞうこうてい》で人手《ひとで》が省《はぶ》かれた高性能《こうせいのう》カラーテレビは、消費電力《しょうひでんりょく》が少《すく》なくてすみ、故障《こしょう》がへり、安定《あんてい》した画像《がぞう》が見《み》られるなど、すべての点《てん》でそれまでなかったほどの高《こう》品質《ひんしつ》を実現《じつげん》することができました。

▼4K《ケイ》対応《たいおう》テレビ「REGZA《レグザ》 65Z《ゼット》10X《エックス》」(2014年《ねん》)。

＊1 ここでのIC化《アイシーか》とは、IC《アイシー》とトランジスタがまじっている、ということを意味《いみ》する。

＊2 電気製品《でんきせいひん》を動《うご》かすさまざまな部品《ぶひん》を、わずか数《すう》mm《ミリメートル》四方《しほう》の半導体《はんどうたい》(→p5)基板《きばん》に組《く》みこんだ電子回路《でんしかいろ》。

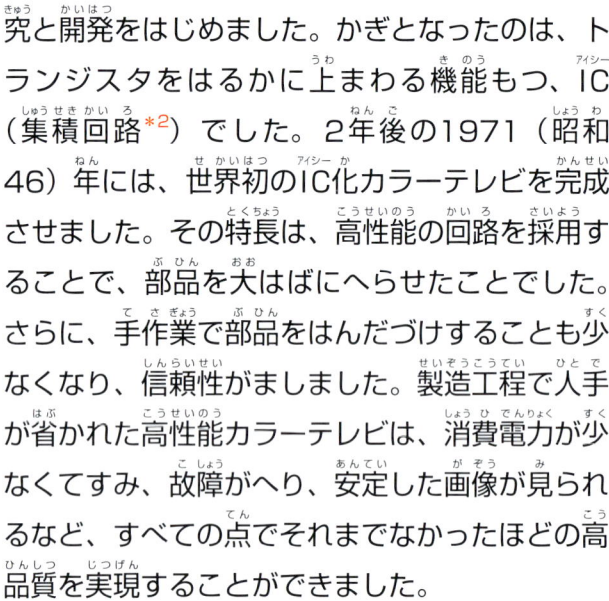

アメリカからのリクエスト

産業全体《さんぎょうぜんたい》を見《み》ると、1970年代《ねんだい》にもたらされた変化《へんか》のひとつに、自動車《じどうしゃ》エンジンの電子制御化《でんしせいぎょか》がありました。そのころの自動車《じどうしゃ》はまだ、エンジンの出力《しゅつりょく》やスピードなど、ほとんどの制御《せいぎょ》は機械装《きかいそう》置《ち》だのみで、ドライバーの力量《りきりょう》に左右《さゆう》される部分《ぶぶん》も多《おお》くありました。しかし、自動車《じどうしゃ》も半導体《はんどうたい》に制《せい》御《ぎょ》される時代《じだい》がいずれ来《く》るだろうと予測《よそく》されていました。

東芝《とうしば》はそのころ、アメリカの大手《おおて》自動車《じどうしゃ》メーカー、フォード社《しゃ》と研究協力体制《けんきゅうきょうりょくたいせい》にあり、1971（昭和《しょうわ》46）年《ねん》3月《がつ》にそのフォード社《しゃ》から、前年《ぜんねん》に施行《しこう》された米国大気清浄法《べいこくたいきせいじょうほう》（通称《つうしょう》マスキー法《ほう》）に対応《たいおう》するための自動車《じどうしゃ》エンジン電子制御装置開発《でんしせいぎょそうちかいはつ》プロジェクトに参加《さんか》するよう要請《ようせい》がありました。自動車《じどうしゃ》の普及《ふきゅう》にともない、排出《はいしゅつ》ガスによる大気汚《たいきお》染《せん》が世界《せかい》じゅうで問題《もんだい》になっていたのです。

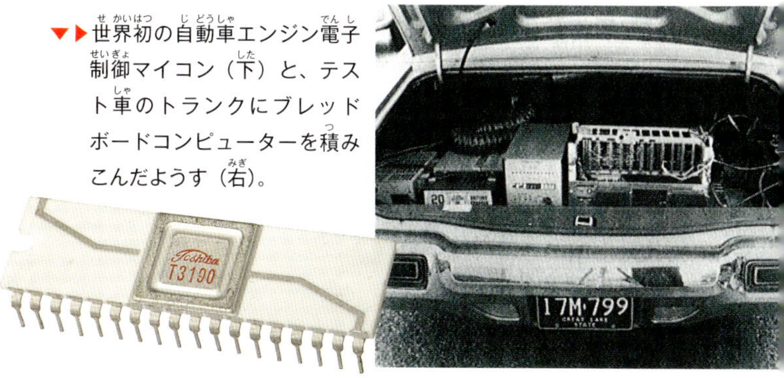

▼▶世界初《せかいはつ》の自動車《じどうしゃ》エンジン電子《でんし》制御《せいぎょ》マイコン（下《した》）と、テスト車《しゃ》のトランクにブレッドボードコンピューターを積《つ》みこんだようす（右《みぎ》）。

自動車《じどうしゃ》エンジン電子制御《でんしせいぎょ》マイコン*

東芝《とうしば》はフォード社《しゃ》からの要請《ようせい》に対《たい》し、マイコンによるエンジン制御《せいぎょ》の提案《ていあん》をしました。しかし当《とう》時《じ》は、マイコンはおろかパソコンも世《よ》に出《で》はじめたばかりであり、マイコンより大《おお》きなミニコン（ミニコンピューター）でさえ高《たか》さ1.8m《メートル》もあって1万《まん》ドルもしていました。このミニコンと同《おな》じ性能《せいのう》のマイコンを1個《こ》100ドルで、自動車《じどうしゃ》のエンジン室《しつ》におさまる大《おお》きさにし、さらに激《はげ》しい振動《しんどう》や温《おん》度変化《どへんか》にたえられるようにしようというのです。

東芝《とうしば》では急《きゅう》きょ、特別開発《とくべつかいはつ》チームをつくり、LSI《エルエスアイ》（大規模集積回路《だいきぼしゅうせきかいろ》）マイコンへの挑戦《ちょうせん》をはじめました。システム設計者《せっけいしゃ》は苦労《くろう》の末《すえ》にダンボール箱《ばこ》ほどの大《おお》きさのブレッドボード（実験用回路《じっけんようかいろ》板《ばん》）コンピューターを完成《かんせい》させて、実車《じっしゃ》テストをおこないました。さらにそれを小《ちい》さなLSI《エルエスアイ》にすることと、量産化《りょうさんか》することに、不眠不休《ふみんふきゅう》の努力《どりょく》をつづけました。1973（昭和《しょうわ》48）年《ねん》にはオイルショックもありましたが、1976（昭和《しょうわ》51）年《ねん》には耐久《たいきゅう》テストに合格《ごうかく》し、翌年《よくとし》から製品《せいひん》の納入《のうにゅう》を開始《かいし》しました。マイコンによる電子制御《でんしせいぎょ》の開発《かいはつ》は、本格的《ほんかくてき》なカーエレクトロニクス時代《じだい》の幕《まく》あけとなりました。

* マイクロ（極小《きょくしょう》の）コンピューターの略《りゃく》。

●自動車《じどうしゃ》のなかで適用《てきよう》されている電子制御《でんしせいぎょ》の内容《ないよう》

車載《しゃさい》コンピューター：約《やく》70基《き》
各《かく》センサー類《るい》：約《やく》100個《こ》

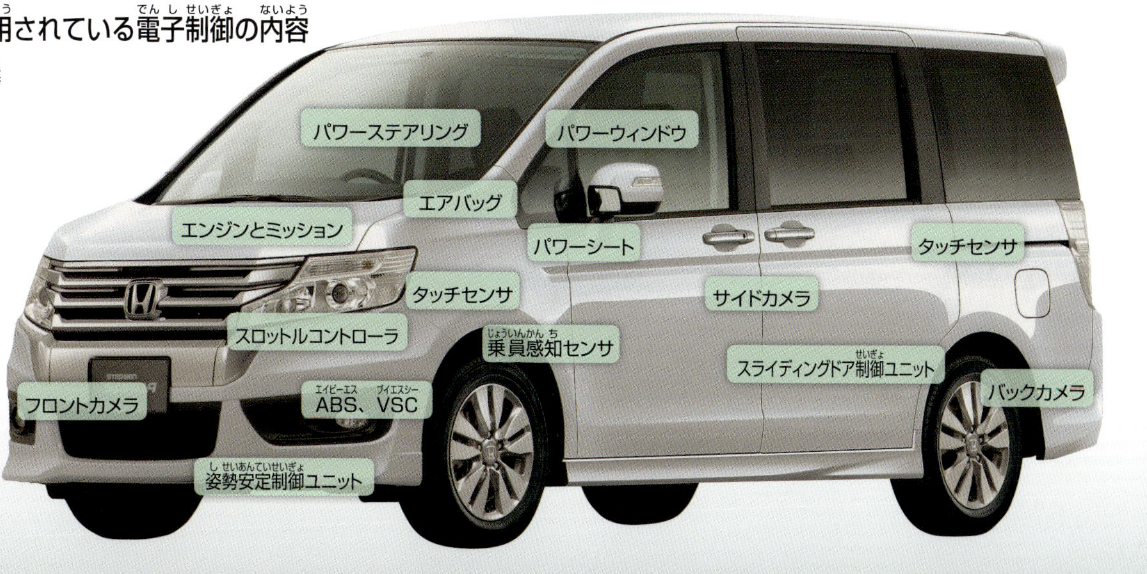

▶最近《さいきん》の一般的《いっぱんてき》な自動車《じどうしゃ》には、あらゆる部位《ぶい》に電子制御装置《でんしせいぎょそうち》が組《く》みこまれ、搭載《とうさい》されたコンピューター数《すう》は約《やく》70基《き》にもなるといわれる。

10 競争《きょうそう》にうち勝《か》つために

**インターネットで世界《せかい》がつながるグローバルな時代《じだい》のなかで、
東芝《とうしば》は景気《けいき》のうきしずみに対応《たいおう》するために、
大《おお》きくなりすぎた組織《そしき》を改革《かいかく》し、小《こ》まわりのきく会社《かいしゃ》にした。
さらに顧客《こきゃく》サービスに力《ちから》を入《い》れた。**

社内《しゃない》カンパニー制《せい》*の発足《ほっそく》

東芝《とうしば》は、大《おお》きな会社《かいしゃ》のなかで事業《じぎょう》ごとに「会《かい》社《しゃ》」をもうけ、いろいろな権限《けんげん》をあたえる、社内《しゃない》カンパニー制《せい》という制度《せいど》を、1998（平成《へいせい》10）年《ねん》9月《がつ》からはじめました。

この制度《せいど》が導入《どうにゅう》された背景《はいけい》には、会社《かいしゃ》の規模《きぼ》が大《おお》きくなりすぎたことがありました。1990年代《ねんだい》後半《こうはん》は、本社《ほんしゃ》だけでも約《やく》6万人《まんにん》の従業員《じゅうぎょういん》をかかえ、総売上《そううりあげ》はグループ全体《ぜんたい》で6兆円《ちょうえん》にせまるいきおいでした。しかし、総合電機《そうごうでんき》メーカーとしてはば広《ひろ》い製品《せいひん》を取《と》りあつかうことから、部門《ぶもん》どうしの調《ちょう》整《せい》にエネルギーがついやされたり、小《こ》まわりがきかず決定《けってい》に時間《じかん》がかかったりするなどの弱点《じゃくてん》が出《で》ていました。どの産業《さんぎょう》でも売上《うりあげ》の成長度《せいちょうど》がにぶくなっていたこの時期《じき》に、新《あたら》しい技術《ぎじゅつ》をすばやい決《けつ》断《だん》で実行《じっこう》して製品化《せいひんか》するような企業《きぎょう》が売上《うりあげ》をのばす傾向《けいこう》にありました。

8つの社内《しゃない》カンパニー（2014年現在《ねんげんざい》は、計《けい》7つ）をさだめ、それぞれ中心《ちゅうしん》となる製品《せいひん》を製造《せいぞう》する全国《ぜんこく》の工場《こうじょう》や事業所《じぎょうしょ》を管理下《かんりか》におさめました。各《かく》カンパニーにはそれぞれ社長《しゃちょう》が任命《にんめい》され、役員《やくいん》が話《はな》しあう場《ば》として経営会議《けいえいかいぎ》がもうけられました。またそれまで本社《ほんしゃ》でおこなっていた機能《きのう》と、多《おお》くの従業員《じゅうぎょういん》が、権限《けんげん》と責任《せきにん》をあたえられたカンパニーの新《あたら》しい職場《しょくば》へとうつりました。会社《かいしゃ》のなかの「会社《かいしゃ》」が生《う》まれたのです。

* “company《カンパニー》”には、会社《かいしゃ》・企業《きぎょう》・集団《しゅうだん》・仲間《なかま》といった意味《いみ》がある。

●東芝《とうしば》の事業《じぎょう》グループと社内《しゃない》カンパニー

【事業《じぎょう》グループ】	【社内《しゃない》カンパニー】
電力《でんりょく》・社会《しゃかい》インフラ事業《じぎょう》 ◆持続可能《じぞくかのう》*な社会《しゃかい》の実現《じつげん》に向《む》けて * 環境《かんきょう》や資源《しげん》をたもって、現在《げんざい》と将来《しょうらい》の世《せ》代《だい》の必要《ひつよう》をともに満《み》たすこと。	●電力《でんりょく》システム社《しゃ》 ●社会《しゃかい》インフラシステム社《しゃ》
コミュニティ・ソリューション事業《じぎょう》 ◆レジリエント*な社会《しゃかい》をつくるために * “resilient《レジリエント》”とは、しなやかでつよく、回復力《かいふくりょく》があること。	●コミュニティ・ソリューション社《しゃ》
ヘルスケア事業《じぎょう》 ◆進化《しんか》する医療《いりょう》とともにすこやかな毎日《まいにち》を見《み》まもる	●ヘルスケア社《しゃ》
電子《でんし》デバイス事業《じぎょう》 ◆最先端《さいせんたん》デバイス（→p5）で夢《ゆめ》を現実《げんじつ》に	●セミコンダクター&《アンド》ストレージ社《しゃ》
ライフスタイル事業《じぎょう》 ◆たしかな技術《ぎじゅつ》で、さまざまなライフスタイルを提案《ていあん》	●パーソナル&《アンド》クライアントソリューション社《しゃ》
	●クラウド&《アンド》ソリューション社《しゃ》* *「クラウド&《アンド》ソリューション社《しゃ》」は、事業《じぎょう》グループに属《ぞく》していない、独立《どくりつ》した社内《しゃない》カンパニー。

▲2014年現在《ねんげんざい》、社内《しゃない》カンパニーは5つの事業《じぎょう》グループに6つあり、「クラウド&《アンド》ソリューション社《しゃ》」とあわせて7社《しゃ》の体制《たいせい》になっている。

▲1996（平成《へいせい》8）年《ねん》に社長《しゃちょう》に就任《しゅうにん》した西室泰三《にしむろたいぞう》（左《ひだり》から2人目《ふたりめ》）は、社内《しゃない》の変革《へんかく》をうったえ、社内《しゃない》カンパニー制《せい》の導入《どうにゅう》をおこなった。

【代表的《だいひょうてき》な製品《せいひん》】

▶火力発電用高効《かりょくはつでんようこうこう》率蒸気《りつじょうき》タービン。

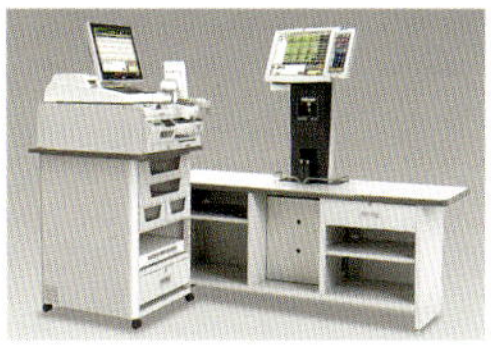

◀リテールソリューション（店頭販売《てんとうはんばい》の情報《じょうほう》を管理《かんり》する〔POS《ポス》〕システム）。

▶病気《びょうき》の予防《よぼう》や病後《びょうご》の見《み》まもりに役立《やくだ》つ、リストバンド型活動量計《がたかつどうりょうけい》（左《ひだり》）と生体情報《せいたいじょうほう》センサ（右《みぎ》）。

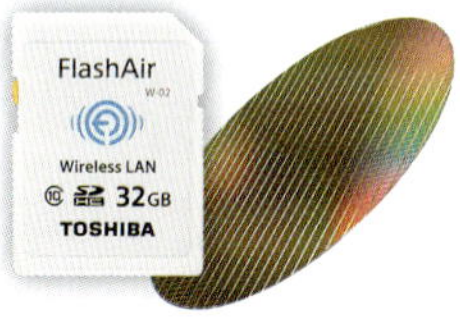

◀フラッシュメモリ（左《ひだり》）と、半導体《はんどうたい》（→p5）のウエハー*（右《みぎ》）。

*半導体《はんどうたい》をうすい板状《いたじょう》に切断《せつだん》した、集積回路《しゅうせきかいろ》の基板《きばん》。

▶液晶《えきしょう》テレビ（右《みぎ》）と、ブルーレイディスクレコーダー（左《ひだり》）。

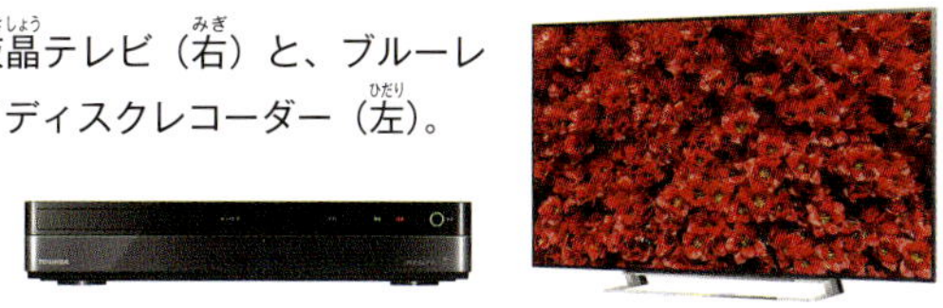

◀総合《そうごう》ストレージシステム*。

*コンピューターネットワーク上《じょう》で、ほかのコンピューターやソフトにサービスを提供《ていきょう》する「サーバー」と、データを保管《ほかん》する「ストレージ」（補助記憶装置《ほじょきおくそうち》）、およびそれらの装置《そうち》をつなぐネットワークをふくめた構成全体《こうせいぜんたい》のこと。

顧客《こきゃく》サービス

この時期《じき》にもうひとつおこなわれたことが、CS《シーエス》*体制《たいせい》の強化《きょうか》でした。CS《シーエス》とは「顧客満足《こきゃくまんぞく》」のことです。東芝《とうしば》のようにはば広《ひろ》い製品《せいひん》をつくり、顧客《こきゃく》も、企業《きぎょう》であったり一般《いっぱん》の消費者《しょうひしゃ》であったりするメーカーでは、製品《せいひん》の機能《きのう》や品質《ひんしつ》、価格《かかく》、アフターサービスなどに、ありとあらゆる問《と》いあわせがあります。社内《しゃない》カンパニー制《せい》を進《すす》めたのちに、1999（平成《へいせい》11）年《ねん》4月《がつ》から東芝《とうしば》はCS推進《シーエスすいしん》センターをもうけて、顧客《こきゃく》からの電話《でんわ》、FAX《ファックス》、メールなどに365日《にち》、24時間対応《じかんたいおう》するようにしました。

じつは同《おな》じ時期《じき》に、東芝《とうしば》の家電製品《かでんせいひん》の修理《しゅうり》に対《たい》する苦情《くじょう》が、インターネットで公開《こうかい》されて社会問《しゃかいもん》題《だい》となることがありました。CS推進《シーエスすいしん》センターはまさに問題《もんだい》がふっとうしていた時期《じき》にもうけられ、今後《こんご》、東芝《とうしば》がこのような問題《もんだい》に誠実《せいじつ》に対応《たいおう》していく姿勢《しせい》を示《しめ》すことになりました。

現在《げんざい》、東芝《とうしば》グループの総合窓口《そうごうまどぐち》である「総合《そうごう》ご案内《あんない》センター」では、国内外《こくないがい》のグループ会社《がいしゃ》の製《せい》品《ひん》・サービスなどに対《たい》して、担当部門《たんとうぶもん》への引《ひ》きつぎなどのサービスを提供《ていきょう》しています。製品《せいひん》ごとに設置《せっち》している「家電《かでん》コールセンター」は、全国《ぜんこく》の拠点《きょてん》でお客様《きゃくさま》からの問《と》いあわせや修理《しゅうり》の依頼《いらい》などに対応《たいおう》しています。

*“Customer《カスタマー》 Satisfaction《サティスファクション》”（顧客満足《こきゃくまんぞく》）のかしら文字《もじ》。

▼24時間《じかん》サービスの「総合《そうごう》ご案内《あんない》センター」（1999年《ねん》の開設当時《かいせつとうじ》）。

11 技術《ぎじゅつ》の東芝《とうしば》2

生活《せいかつ》のあらゆる場面《ばめん》でつかわれる、さまざまな製品《せいひん》をつくる東芝《とうしば》。
一《ひと》つひとつの製品《せいひん》は、独自《どくじ》の研究《けんきゅう》と開発《かいはつ》が積《つ》みかさなったものだ。
技術《ぎじゅつ》の東芝《とうしば》をかたちづくっている、
そのものがたりを見《み》てみよう。

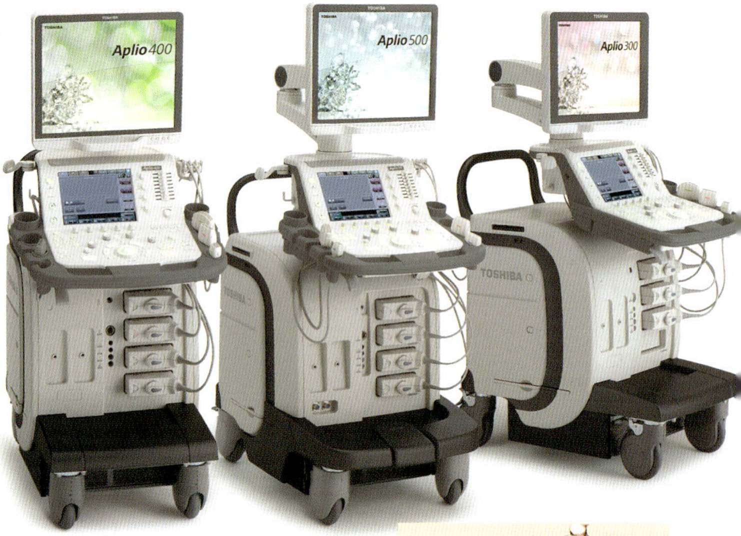

▲最新型《さいしんがた》の超音波診断装置《ちょうおんぱしんだんそうち》。東《とう》芝《しば》メディカルシステムズ株式《かぶしき》会社《がいしゃ》の製品《せいひん》。

カラーのテレビカメラ

それまでのカラーカメラは、色調《しきちょう》（色《いろ》の強弱《きょうじゃく》や濃淡《のうたん》）を調整《ちょうせい》するのに手動《しゅどう》の機能《きのう》が中心《ちゅうしん》だったため、放送局《ほうそうきょく》で何台《なんだい》もカラーカメラをつかうときにはそれぞれの色調《しきちょう》にばらつきがありました。そのために、夕方《ゆうがた》の時間《じかん》からおこなわれる野球《やきゅう》の試合《しあい》中継《ちゅうけい》などでは、急激《きゅうげき》な明《あか》るさの変化《へんか》に色調整《いろちょうせい》が追《お》いつかないことがありました。また、調整《ちょうせい》のための準備《じゅんび》にも2時間近《じかんちか》くかかりました。

1979 (昭和《しょうわ》54) 年《ねん》に東芝《とうしば》が発表《はっぴょう》したフルオートマチック（完全自動《かんぜんじどう》調整《ちょうせい》）カメラPK《ピーケイ》-40は、コンピューター制御《せいぎょ》によって色調整《いろちょうせい》の問題《もんだい》を解消《かいしょう》し、さらに新技術《しんぎじゅつ》で小型化《こがたか》、軽量化《けいりょうか》に成《せい》功《こう》しました。同時《どうじ》に発《はつ》売《ばい》されたハンディカメラ（手《て》もちカメラ）も、大好評《だいこうひょう》をもって受《う》けいれられました。

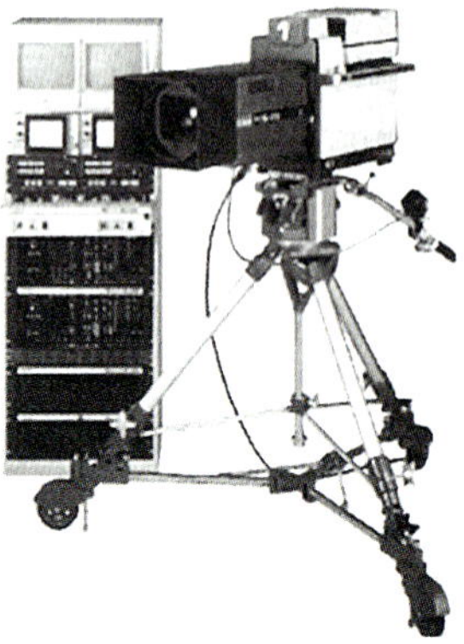

▲フルオートマチックカメラのPK《ピーケイ》-40。

画像診断装置《がぞうしんだんそうち》

1970年代《ねんだい》（昭和《しょうわ》45～54年《ねん》）後半《こうはん》に、コンピューター技術《ぎじゅつ》を医療用《いりょうよう》の画像診断《がぞうしんだん》に応用《おうよう》する技《ぎ》術《じゅつ》が進《すす》みました。東芝《とうしば》の医用機器事業部《いようききじぎょうぶ》は、1977（昭和《しょうわ》52）年《ねん》に、電子《でんし》スキャン[*1]システムの超音波診断装置《ちょうおんぱしんだんそうち》の販売《はんばい》を開始《かいし》し、翌年《よくとし》には日《に》本初《ほんはつ》のX線《エックスせん》CT装置《シーティーそうち》[*2]（スキャナー）を販売《はんばい》するなど、業界《ぎょうかい》をリードしてきました。

現在《げんざい》、東芝《とうしば》の最新《さいしん》のCT装置《シーティーそうち》は、最小《さいしょう》0.5mm《ミリメートル》間隔《かんかく》で撮影《さつえい》することで、160mm《ミリメートル》という広《ひろ》い範《はん》囲《い》のスキャンが可能《かのう》だといいます。そのため、心《しん》臓《ぞう》や脳《のう》もわずか0.275秒《びょう》で高速《こうそく》スキャンすることができます。また、超音波診断装置《ちょうおんぱしんだんそうち》の最新型《さいしんがた》は、たとえば、CT装置《シーティーそうち》やMRI《エムアールアイ》(→p35)と組《く》みあわせた画像《がぞう》を表示《ひょうじ》できるなど、精密検査《せいみつけんさ》から日常的《にちじょうてき》な診《しん》療《りょう》にまで利用《りよう》されています。

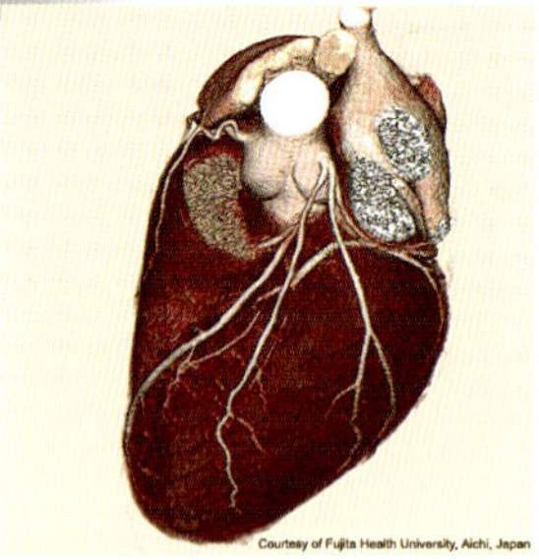

▶CT装置《シーティーそうち》でスキャンした画像《がぞう》。

＊1 電子線《でんしせん》や光《ひかり》などをものの表面《ひょうめん》に走《はし》らせて画像《がぞう》にすること。
＊2 X線《エックスせん》を利用《りよう》した、コンピューター断層撮影《だんそうさつえい》をおこなう装置《そうち》。

ワープロ革命《かくめい》

1978（昭和《しょうわ》53）年《ねん》9月《がつ》、東芝《とうしば》は、日本初《にほんはつ》の日本語《にほんご》ワードプロセッサ（ワープロ）を発売《はつばい》しました。

アルファベットなどで文字《もじ》を書《か》く欧米《おうべい》では、古《ふる》くからタイプライターで文書《ぶんしょ》を作成《さくせい》することがおこなわれていました。しかし、漢字《かんじ》、仮名《かな》、カタカナなど、何種類《なんしゅるい》かの文字《もじ》を書《か》き文字《もじ》としてつかいわけ、さらに複雑《ふくざつ》な文法《ぶんぽう》をもつ日本語《にほんご》では、読《よ》み方《かた》をタイプして、漢字《かんじ》や仮名《かな》に変換《へんかん》し、正《ただ》しい文節《ぶんせつ》で表現《ひょうげん》することは、夢《ゆめ》とされていました。それ以前《いぜん》にあった和文《わぶん》タイプライターは、漢字《かんじ》や仮名《かな》を1文字《もじ》ずつ機械《きかい》でひろうものでした。

タイプで入力《にゅうりょく》したことばを、「仮名漢字変換《かなかんじへんかん》システム」によって自動的《じどうてき》に漢字仮名《かんじかな》まじり文《ぶん》に変換《へんかん》するワープロ、東芝《とうしば》TOSWORD《トスワード》「JW《ジェイダブリュー》-10」の登場《とうじょう》は衝撃的《しょうげきてき》でした。当初《とうしょ》は600万円以上《まんえんいじょう》という価格《かかく》もあって、すぐには普及《ふきゅう》しませんでしたが、使用法《しようほう》を教《おし》えるインストラクターたちの努力《どりょく》や、その後《ご》、価格《かかく》がじょじょにさがり、「Rupo《ルポ》」などの個人向《こじんむ》け低価格商品《ていかかくしょうひん》が発売《はつばい》されると、爆発的《ばくはつてき》に利用者《りようしゃ》が広《ひろ》まりました。

日本語《にほんご》ワープロは1980年代《ねんだい》のはじめごろからちょうど2000年《ねん》ごろまでつかわれましたが、その後《ご》パソコン上《じょう》でワープロ機能《きのう》をつかうことが広《ひろ》まったため、製造《せいぞう》は終了《しゅうりょう》しました。しかし、だれもがパソコンで日本語《にほんご》を入力《にゅうりょく》でき、美《うつく》しい文字《もじ》として印刷《いんさつ》できることはその後《ご》の日本文化《にほんぶんか》に大《おお》きな影響《えいきょう》をあたえました。それはワープロによる日本語《にほんご》の革命《かくめい》といえるものでした。

▲個人用《こじんよう》ワープロ機《き》として大《だい》ヒットした、「JW《ジェイダブリュー》-R《アール》10 Rupo《ルポ》」。

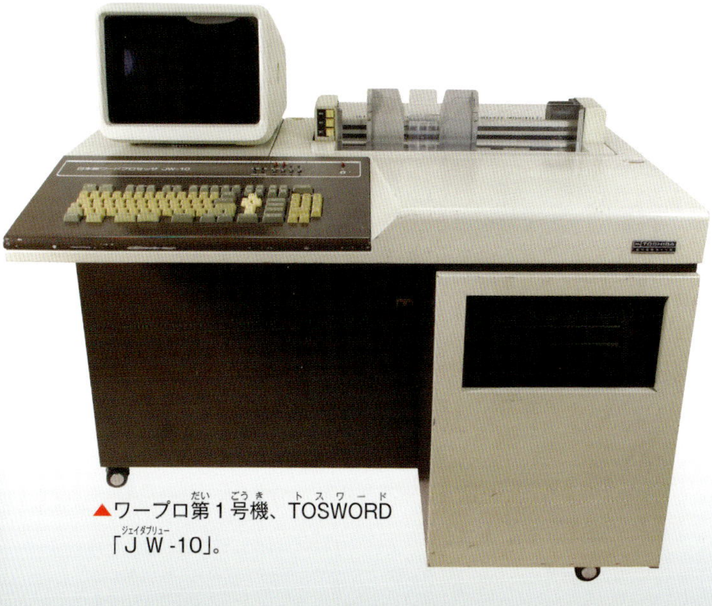
▲ワープロ第《だい》1号機《ごうき》、TOSWORD《トスワード》「JW《ジェイダブリュー》-10」。

東芝《とうしば》 ミニ事典《じてん》

機関車《きかんしゃ》の製造《せいぞう》

東芝《とうしば》は電車《でんしゃ》のモーターなどの電気品《でんきひん》だけでなく、80年以上《ねんいじょう》にわたって、さまざまな電気機関車《でんききかんしゃ》を製造《せいぞう》している。受注《じゅちゅう》してから、機関車《きかんしゃ》の用途《ようと》、路線《ろせん》の特徴《とくちょう》などにあわせて、電気《でんき》システムや出力《しゅつりょく》など、最適《さいてき》な機関車《きかんしゃ》のシステムを提案《ていあん》する。世界各国《せかいかっこく》に納入《のうにゅう》してきた機関車《きかんしゃ》は、のべ1000台《だい》をこえる。また、ディーゼル[*1]機関車《きかんしゃ》や、近年《きんねん》はハイブリッド機関車《きかんしゃ》[*2]も製造《せいぞう》している。

＊1 ディーゼルエンジンは、エンジン内《ない》のピストンで圧縮加熱《あっしゅくかねつ》した空気《くうき》に液体燃料《えきたいねんりょう》をふきかけて自己発火《じこはっか》させ、ピストンを回転《かいてん》する動力《どうりょく》をえる、点火装置《てんかそうち》のいらないエンジン。
＊2 複数《ふくすう》の動力源《どうりょくげん》をもつ機関車《きかんしゃ》のこと。

▲東芝製《とうしばせい》の電気機関車《でんききかんしゃ》。

もっと知《し》りたい！

環境《かんきょう》にやさしい東芝《とうしば》

暮《く》らしを便利《べんり》にしてくれるさまざまな東芝製品《とうしばせいひん》のなかから、「環境《かんきょう》にやさしい」製品《せいひん》のひみつを見《み》てみましょう。

再生可能《さいせいかのう》エネルギーの揚水発電《ようすいはつでん》

水力発電《すいりょくはつでん》は、化石燃料《かせきねんりょう》をつかう火力発電《かりょくはつでん》や原子《げんし》力発電《りょくはつでん》とくらべて、何度《なんど》でもくりかえし利用《りよう》できる、再生可能《さいせいかのう》エネルギーです。そのなかでも、電《でん》力《りょく》の需要《じゅよう》の変化《へんか》に対応《たいおう》できる発電技術《はつでんぎじゅつ》が、揚水《ようすい》（水《みず》をくみ上《あ》げる）発電《はつでん》です。

水力発電《すいりょくはつでん》は、水《みず》がながれおちる力《ちから》を利用《りよう》して発《はつ》電《でん》します。揚水発電《ようすいはつでん》では、発電《はつでん》につかわれた水《みず》をまた上流《じょうりゅう》のダムなどにもどしてつかいますが、電《でん》力需要《りょくじゅよう》がへる夜《よる》に水《みず》をくみ上《あ》げるので、あまった電力《でんりょく》の有効活用《ゆうこうかつよう》にもつながります。

上《うえ》ダムと下《した》ダム

揚水発電《ようすいはつでん》の場合《ばあい》、上《うえ》ダムと下《した》ダムのふたつがあります。昼《ひる》は上《うえ》ダムから放流《ほうりゅう》して発電《はつでん》し、夜《よる》に下《した》ダムから水《みず》をくみ上《あ》げて上《うえ》ダムにもどすので、全《ぜん》体《たい》の水《みず》の量《りょう》はいつも一定《いってい》です。さらに、昼《ひる》は発電《はつでん》につかわれる水車《すいしゃ》が、夜《よる》は水《みず》をくみ上《あ》げるポンプの機能《きのう》もはたします。

水力発電《すいりょくはつでん》の課題《かだい》のひとつに、発電時《はつでんじ》のタービンの回転数《かいてんすう》や、揚水発電《ようすいはつでん》でくみ上《あ》げる水《みず》の量《りょう》を調節《ちょうせつ》できなかったことがありました。そのため、供給《きょうきゅう》できる電力量《でんりょくりょう》が安定《あんてい》せず、電力需要《でんりょくじゅよう》にあわせて調《ちょう》整《せい》できるシステムがもとめられていました。東芝《とうしば》は1990（平成《へいせい》２）年《ねん》、「可変速運転《かへんそくうんてん》」ができる世《せ》界初《かいはつ》の揚水発電《ようすいはつでん》システムを独自《どくじ》の技術《ぎじゅつ》で実用化《じつようか》しました。この方式《ほうしき》は、環境《かんきょう》にやさしく効率的《こうりつてき》な自《し》然《ぜん》エネルギーとして注目《ちゅうもく》されています。

冷蔵庫《れいぞうこ》の省《しょう》エネルギー技術《ぎじゅつ》

家庭《かてい》のなかでは、エアコンと冷蔵庫《れいぞうこ》、照明器具《しょうめいきぐ》で、電力消費量《でんりょくしょうひりょう》の約《やく》７割《わり》がしめられるといわれます。とくに、365日《にち》24時間使用《じかんしよう》する冷蔵庫《れいぞうこ》の消《しょう》費《ひ》電力《でんりょく》の削減《さくげん》がもとめられています。

東芝《とうしば》の「W《ダブル》-ツイン冷却《れいきゃく》」は、冷蔵用《れいぞうよう》と冷凍用《れいとうよう》のふたつの専用冷却器《せんようれいきゃくき》で、効率《こうりつ》よく冷《ひ》やすシステ

●揚水発電所断面図《ようすいはつでんしょだんめんず》

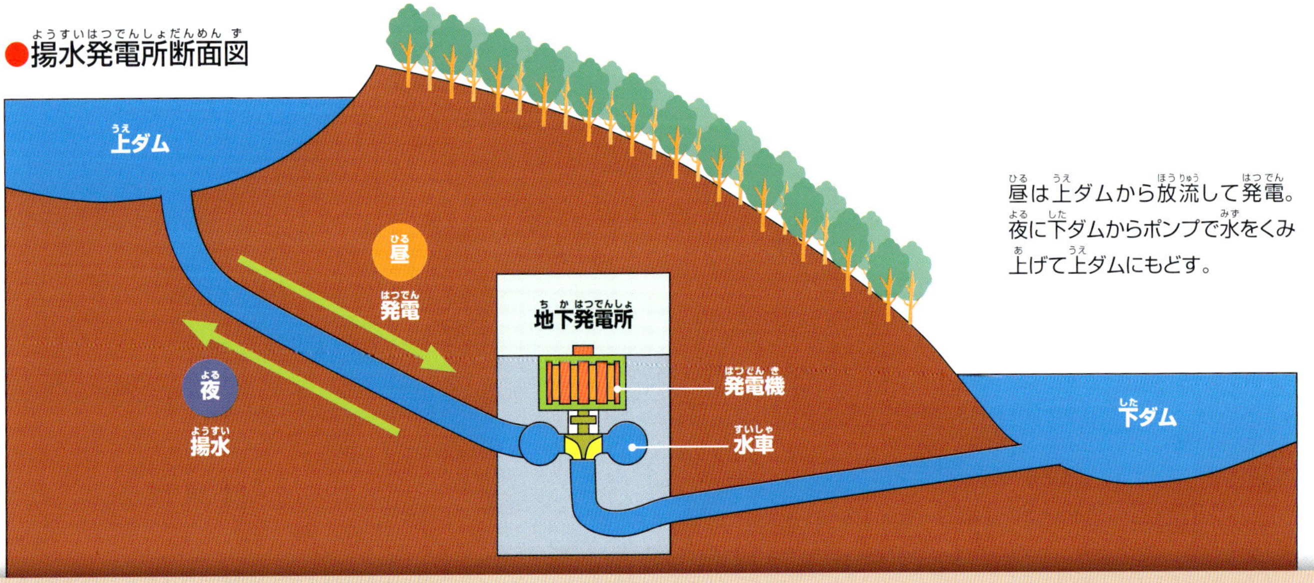

●W《ダブル》ーツイン冷却《れいきゃく》とシングル冷却《れいきゃく》のちがい

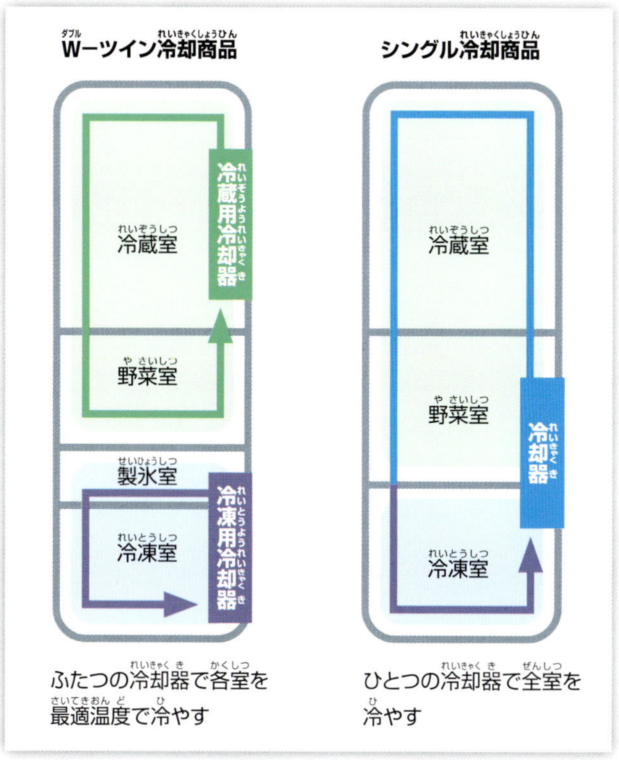

ムです。冷蔵室《れいぞうしつ》と冷凍室《れいとうしつ》をひとつの冷却器《れいきゃくき》で冷《ひ》やす一般的《いっぱんてき》な方式《ほうしき》は、冷《ひ》やしすぎてしまうことがあるため、冷却器《れいきゃくき》にしもがつきやすかったのですが、W《ダブル》-ツイン冷却《れいきゃく》はむだなく冷《ひ》やせるので、しもがつきにくく、しも取《と》りヒーターの消費電力《しょうひでんりょく》をおさえられます。しっかり冷《ひ》やしながら、消費電力《しょうひでんりょく》をへらす技術《ぎじゅつ》を開発《かいはつ》して、しも取《と》りヒーターの消費《しょうひ》電力《でんりょく》を、シングル冷却《れいきゃく》とくらべて半分《はんぶん》ほどにおさえることができました。

ペーパーリユース*1システム

近年《きんねん》、環境保護《かんきょうほご》と経費削減《けいひさくげん》のために、オフィスの印刷物《いんさつぶつ》をへらし、書類《しょるい》を電子化《でんしか》*2することが求《もと》められています。しかし、紙《かみ》を100%《パーセント》なくすことは現実的《げんじつてき》ではありません。そこで登場《とうじょう》したのが、ペーパーリユースシステム「Loops《ループス》」。印刷《いんさつ》した文字《もじ》を消《け》して、用紙《ようし》を再利用《さいりよう》する方法《ほうほう》です。

じつは東芝《とうしば》は、2003（平成《へいせい》15）年《ねん》には、消《き》えるトナー*3をつかった印刷《いんさつ》システムを発売《はつばい》していました。しかしその当時《とうじ》、トナーを完全《かんぜん》に消《け》すには加熱《かねつ》と冷却《れいきゃく》に合計《ごうけい》3時間必要《じかんひつよう》でした。2013（平成《へいせい》25）年《ねん》に発売《はつばい》した「Loops《ループス》」は、印刷《いんさつ》した文字《もじ》をすぐに消《け》すことができるようにしました。ひみつは、消《け》すのではなく、無色《むしょく》にすること。トナーにはふつう色素《しきそ》と、発色剤《はっしょくざい》がふくまれていますが、それに色《いろ》を無色《むしょく》にする消去剤《しょうきょざい》をくわえました。コピーするときには色素《しきそ》と発色剤《はっしょくざい》が結《むす》びついて色《いろ》を出《だ》しますが、それにさらに熱《ねつ》をくわえると消去剤《しょうきょざい》がはたらいて、色素《しきそ》と発色剤《はっしょくざい》を切《き》りはなします。そのために、文字《もじ》が消《き》えたように見《み》えるのです。

「Loops《ループス》」によって用紙《ようし》を再利用《さいりよう》すると、5回《かい》の利用《りよう》で約《やく》57%《パーセント》の二酸化炭素《にさんかたんそ》（CO_2《シーオーツー》）が削減《さくげん》されるといいます。ビジネスにつかう紙《かみ》の量《りょう》をへらすことで、環境保護《かんきょうほご》にいっそう貢献《こうけん》することが期待《きたい》されています。

＊1 リユースとは、再利用《さいりよう》すること。
＊2 文字《もじ》や情報《じょうほう》などを、コンピューターだけで取《と》りあつかうこと。
＊3 コピー機《き》やパソコンのプリンター（印刷機《いんさつき》）などで、インクとしてつかわれる着色《ちゃくしょく》された粒子《りゅうし》。

●トナーの色《いろ》が消《き》えるしくみ

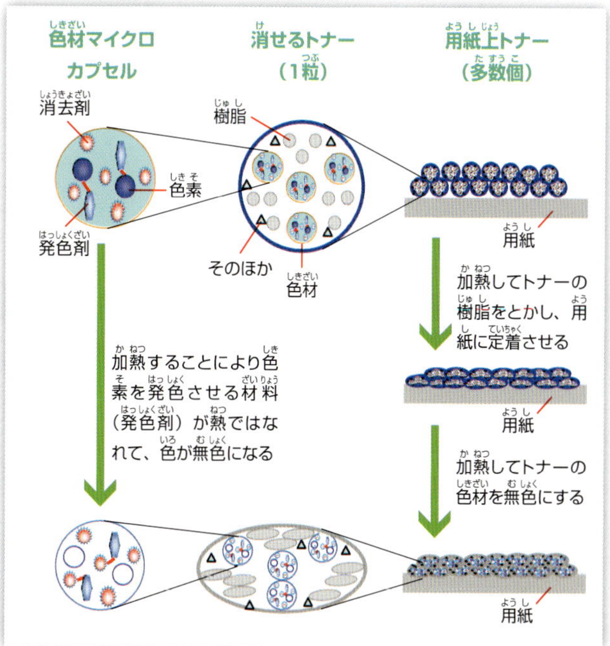

12 過去《かこ》から未来《みらい》へ

東芝《とうしば》は、人《ひと》びとの役《やく》にたつ製品《せいひん》を開発《かいはつ》することで、明《あか》るく、ゆたかな社会《しゃかい》を導《みちび》いてきた。その姿勢《しせい》はこれからも継続《けいぞく》され、進歩《しんぽ》がつづけられる。めざすのは、すべての人《ひと》びとが安定《あんてい》した電力《でんりょく》を安全《あんぜん》につかえる社会《しゃかい》だ。

ヘルスケアを事業《じぎょう》の柱《はしら》にくわえる

「ヒューマン・スマート・コミュニティ」(→p4)の実現《じつげん》をめざすうえで、2014（平成《へいせい》26）年現在《ねんげんざい》、東芝《とうしば》が重点的《じゅうてんてき》に取《と》りくんでいるのは、「エネルギー」「電子《でんし》デバイス」「ヘルスケア」の3つの分野《ぶんや》です(→p5)。

エネルギーの分野《ぶんや》では、世界各地《せかいかくち》でエネルギーが効率《こうりつ》よくつかわれるように、さまざまな事業《じぎょう》・製品《せいひん》をつうじて支援《しえん》しています。電子《でんし》デバイスの分野《ぶんや》では、ストレージシステム(→p23)を活用《かつよう》することで社会《しゃかい》のスマート化《か》を加速《かそく》させることをめざしています。さらに、ヘルスケアを事業《じぎょう》の柱《はしら》にくわえたことで、世界《せかい》じゅうの人《ひと》びととゆたかでいきいきと暮《く》らせる社会《しゃかい》を実現《じつげん》する、というテーマがいっそう明確《めいかく》になりました。この分野《ぶんや》では、伝《でん》統《とう》の医療機器《いりょうきき》のほかに、人工《じんこう》の光《ひかり》を利用《りよう》して工場《こうじょう》で植物《しょくぶつ》をつくるなどの取《と》りくみも進《すす》めています。

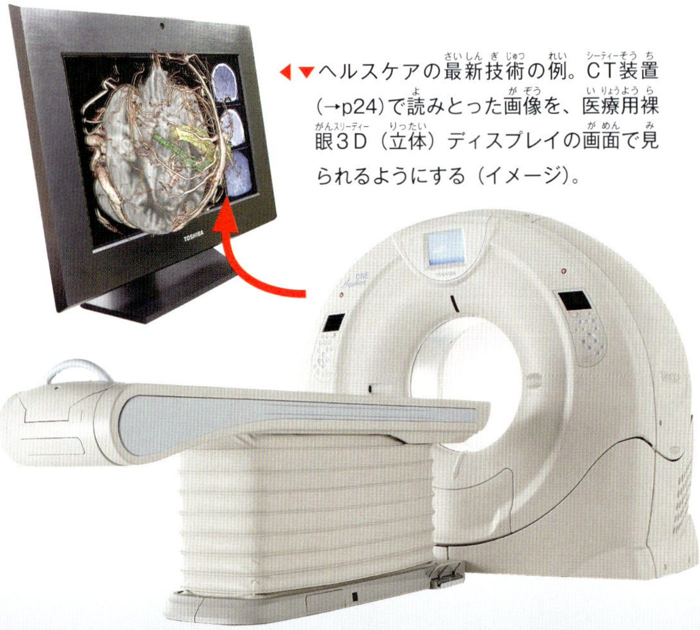

◀▼ヘルスケアの最新技術《さいしんぎじゅつ》の例《れい》。CT装置《シーティーそうち》(→p24)で読《よ》みとった画像《がぞう》を、医療用裸眼《いりょうようらがん》3D《スリーディー》（立体《りったい》）ディスプレイの画面《がめん》で見《み》られるようにする（イメージ）。

未来《みらい》に向《む》けたさまざまな取《と》りくみ

東芝《とうしば》は現在《げんざい》、最新技術《さいしんぎじゅつ》をもちいて、過去《かこ》から未《み》来《らい》へとつながるさまざまな取《と》りくみをおこなっています。

●未来《みらい》の明《あ》かり

東芝《とうしば》は、より省電力《しょうでんりょく》のLED電球《エルイーディーでんきゅう》*など、エネルギー効率《こうりつ》のよい製品《せいひん》の普及《ふきゅう》に取《と》りくんでいる。
2012（平成《へいせい》24）年《ねん》には、東日本大震災《ひがしにほんだいしんさい》からの復興支援《ふっこうしえん》活動《かつどう》のひとつとして、岩手県平泉《いわてけんひらいずみ》の世界遺産《せかいいさん》・中尊寺金色堂《ちゅうそんじこんじきどう》に、東芝《とうしば》のLED照明《エルイーディーしょうめい》を提供《ていきょう》した。これによって、金箔《きんぱく》の美《うつく》しさがより自然《しぜん》に感《かん》じられる、紫外線《しがいせん》や赤外線《せきがいせん》がへって色落《いろお》ちなどの影響《えいきょう》がおさえられる、さらに約《やく》40％《パーセント》も省電力《しょうでんりょく》になるなど、数《かず》かずの利点《りてん》がもたされた。

* 電流《でんりゅう》をながすと発光《はっこう》する特殊《とくしゅ》な半導体《はんどうたい》(→p5)、発光《はっこう》ダイオードをもちいた電球《でんきゅう》。

▼東芝《とうしば》のLED照明《エルイーディーしょうめい》でライトアップされた、中尊寺金色堂《ちゅうそんじこんじきどう》。

©松下進建築・照明設計室

東京《とうきょう》スカイツリー®のエレベーター

東京《とうきょう》スカイツリーで、地上《ちじょう》から「天望《てんぼう》デッキ」（高《たか》さ350m《メートル》）までを1分《ぷん》たらずで結《むす》ぶ40人乗《にんの》りの高速《こうそく》エレベーターは、「凌雲閣《りょううんかく》（浅草十二階《あさくさじゅうにかい》）」での日本《にほん》初《はつ》のエレベーター（→p9）からの伝統《でんとう》を受《う》けつぎ、進化《しんか》させたものだ。東芝《とうしば》は、2004（平成《へいせい》16）年《ねん》に竣工《しゅんこう》した、台湾《たいわん》の101階建《かいだ》てのビルに採用《さいよう》された、世界最高速《せかいさいこうそく》エレベーター（分速《ふんそく》1010m《メートル》）などの実績《じっせき》があった。高強度《こうきょうど》のワイヤーロープとその巻上機《まきあげき》、加速《かそく》・減速《げんそく》をするときのなめらかなモーター制御《せいぎょ》、かごのまわりの空気《くうき》のながれを計算《けいさん》して快適《かいてき》な乗《の》りごこちを提供《ていきょう》するなど、高《たか》い技術力《ぎじゅつりょく》がおしみなくつぎこまれたものだった。

◀2012（平成《へいせい》24）年《ねん》5月《がつ》に開業《かいぎょう》した東京《とうきょう》スカイツリーに、東芝《とうしば》のエレベーターが採用《さいよう》された。

水素社会《すいそしゃかい》の実現《じつげん》に向《む》けて

東芝《とうしば》は、神奈川県川崎市《かながわけんかわさきし》と2013（平成《へいせい》25）年《ねん》10月《がつ》に、「ヒューマン・スマート・コミュニティ」の実現《じつげん》に向《む》けた協定《きょうてい》を結《むす》んだ。それを受《う》けて、翌《よく》2014（平成《へいせい》26）年《ねん》11月《がつ》に、太陽光《たいようこう》などの再生可能《さいせいかのう》エネルギーと水素《すいそ》*を利用《りよう》した、自立型《じりつがた》エネルギー供給《きょうきゅう》システムを共同《きょうどう》で検証《けんしょう》していくことになった。このシステムでは、太陽光発電《たいようこうはつでん》設備《せつび》で発電《はつでん》した電気《でんき》をつかって、水《みず》を電気分解《でんきぶんかい》することで発生《はっせい》する水素《すいそ》をタンクに貯蔵《ちょぞう》し、電気《でんき》と温水《おんすい》を供給《きょうきゅう》する燃料電池《ねんりょうでんち》の燃料《ねんりょう》として活用《かつよう》する。利用《りよう》するのは水《みず》と太《たい》陽光《ようこう》だけなので、災害《さいがい》のときに電気《でんき》などがストップした場合《ばあい》でも利用《りよう》できる。川崎市《かわさきし》は、1992（平成《へいせい》4）年《ねん》に建設《けんせつ》されたコミュニティー施設《しせつ》「川崎《かわさき》マリエン」における電力《でんりょく》のサポートとして、2015年《ねん》4月《がつ》からこのシステムを稼働《かどう》する。災害《さいがい》のときには、300名《めい》ほどの避難者《ひなんしゃ》に対《たい》し、約《やく》1週間分《しゅうかんぶん》の電気《でんき》と温水《おんすい》を供給《きょうきゅう》できるとしている。

* 水《みず》を電気《でんき》で分解《ぶんかい》すると水素《すいそ》と酸素《さんそ》になる。水素《すいそ》は、将来《しょうらい》のクリーンな燃料《ねんりょう》として注目《ちゅうもく》されている。

東芝《とうしば》 ミニ事典《じてん》

東芝《とうしば》のスポーツ活動《かつどう》

東芝《とうしば》の企業《きぎょう》スポーツは長《なが》い伝統《でんとう》がある。選手《せんしゅ》たちは、従業員《じゅうぎょういん》の一体感《いったいかん》を生《う》むとともに、子《こ》どもたち向《む》けのスポーツ教室《きょうしつ》を開《ひら》くなど、社会貢《しゃかいこう》献《けん》をおこなっている。

ラグビー部《ぶ》の創部《そうぶ》は、1948（昭和《しょうわ》23）年《ねん》と、戦後《せんご》の混乱期《こんらんき》だった。日本選手権《にほんせんしゅけん》で何度《なんど》も優勝《ゆうしょう》し、最近《さいきん》もトップリーグに所属《しょぞく》するなど、強豪《きょうごう》チームの一角《いっかく》をになっている。社会人野球《しゃかいじんやきゅう》チーム*は、1958（昭和《しょうわ》33）年《ねん》の創部《そうぶ》。何度《なんど》も全国《ぜんこく》大会《たいかい》に出場《しゅつじょう》し、プロ野球選手《やきゅうせんしゅ》や日本代表選手《にほんだいひょうせんしゅ》を多《おお》く出《だ》している名門《めいもん》チームだ。バスケットボール部《ぶ》の創部《そうぶ》は1950（昭和《しょうわ》25）年《ねん》。これも、全日《ぜんに》本総合選手権大会《ほんそうごうせんしゅけんたいかい》（天皇杯《てんのうはい》）に優勝《ゆうしょう》するなど、伝統的《でんとうてき》な強豪《きょうごう》チームだ。

* 日本野球連盟《にほんやきゅうれんめい》に所属《しょぞく》する、企業単位《きぎょうたんい》の硬式野球《こうしきやきゅう》チーム。

▲ラグビーチーム「東芝《とうしば》ブレイブルーパス」。

▼川崎港近《かわさきこうちか》くにたつ、「川崎《かわさき》マリエン」のビル。

13 東芝《とうしば》のCSR《シーエスアール》活動《かつどう》

電力《でんりょく》を生《う》みだし、電力《でんりょく》を消費《しょうひ》する製品《せいひん》を製造《せいぞう》してきた東芝《とうしば》にとって、CSR《シーエスアール》活動《かつどう》をおこなうことは特別《とくべつ》な意味《いみ》をもっている。地球《ちきゅう》のエネルギー資源《しげん》を守《まも》り、二酸化炭素《にさんかたんそ》(CO_2《シーオーツー》)の発生《はっせい》をおさえることは、責任《せきにん》であり、義務《ぎむ》だと考《かんが》えている。

CSR《シーエスアール》経営《けいえい》を進《すす》める

「CSR《シーエスアール》」とは、英語《えいご》の“Corporate《コーポレート》 Social《ソーシャル》 Responsibility《レスポンシビリティ》”のかしら文字《もじ》で、企業《きぎょう》の社会《しゃかい》的責任《てきせきにん》のことです。

東芝《とうしば》のように長《なが》い歴史《れきし》をもち、多《おお》くの従業員《じゅうぎょういん》*1をかかえて、製品《せいひん》やサービスをつうじて社会《しゃかい》に大《おお》きな影響《えいきょう》をあたえている巨大企業《きょだいきぎょう》グループにとって、社会《しゃかい》に利益《りえき》を還元《かんげん》し、社会《しゃかい》を支《ささ》えるための活動《かつどう》をおこなうことはとても重要《じゅうよう》です。とくに、人《ひと》の役《やく》にたつ製品《せいひん》づくりを理念《りねん》としてきた東芝《とうしば》は、CSR《シーエスアール》に取《と》りくむことが重要《じゅうよう》な責任《せきにん》と義務《ぎむ》だと長年《ねん》にわたり考《かんが》えてきました。現在《げんざい》では、CSR《シーエスアール》を経営《けいえい》の一部《いちぶ》として推進《すいしん》することが、新《あたら》しいものを生《う》みだし成長《せいちょう》を支《ささ》える、すべてのもとであるととらえています。さまざまなステークホルダー*2とコミュニケーションをとりながら、従業員一人《じゅうぎょういんひと》ひとりが活動《かつどう》に取《と》りくんでいます。このCSR経営《シーエスアールけいえい》のなかで、とくに重点《じゅうてん》をおいているのが次《つぎ》の３つの項目《こうもく》です。

- 人権《じんけん》の尊重《そんちょう》
- サプライチェーン(→p32)でのCSR《シーエスアール》
- 環境経営《かんきょうけいえい》

＊1 2013(平成《へいせい》25)年末《ねんまつ》で、グループ全体《ぜんたい》で約《やく》20万人《まんにん》。
＊2 その企業《きぎょう》に対《たい》して利害《りがい》をもつすべての人《ひと》。顧客《こきゃく》、株主《かぶぬし》・投資家《とうしか》、取引《とりひき》先《さき》、従業員《じゅうぎょういん》など。

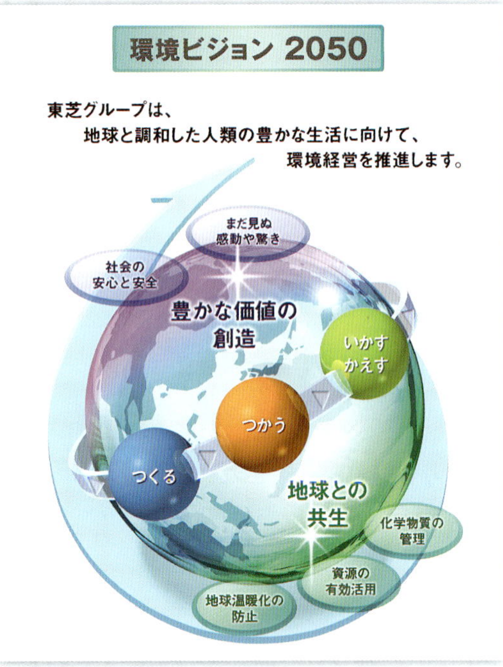

▲「環境《かんきょう》ビジョン2050」のスローガンと具体的《ぐたいてき》な取《と》りくみをふくめたシンボルマーク。

環境経営《かんきょうけいえい》

2011(平成《へいせい》23)年《ねん》10月《がつ》に世界《せかい》の人口《じんこう》は70億人《おくにん》をこえ、食糧《しょくりょう》、水《みず》、エネルギーなどの供給《きょうきゅう》が先進国《せんしんこく》にかたよっていて、開発途上国《かいはつとじょうこく》で不足《ふそく》していることが問題《もんだい》となっています。また、社会《しゃかい》を支《ささ》えている化石燃料《かせきねんりょう》(石油《せきゆ》、石炭《せきたん》、天然《てんねん》ガスなど)や金属《きんぞく》、鉱物《こうぶつ》の産出《さんしゅつ》が減少《げんしょう》しつつある資源問題《しげんもんだい》と、CO_2《シーオーツー》の増加《ぞうか》が原因《げんいん》とされる地球温暖化《ちきゅうおんだんか》などの環境問題《かんきょうもんだい》も深刻《しんこく》です。東芝《とうしば》は、エネルギー関連製品《かんれんせいひん》をつくってきたメーカーとして、将来《しょうらい》に向《む》けての資源《しげん》・環境問題《かんきょうもんだい》に積極的《せっきょくてき》に取《と》りくむ姿勢《しせい》を示《しめ》す「環境経営《かんきょうけいえい》」に取《と》りくんでいます。環境経営《かんきょうけいえい》では、「環境《かんきょう》ビジョン2050」を設定《せってい》し、具体的《ぐたいてき》な行動《こうどう》計画《けいかく》をさだめています。

環境性能《かんきょうせいのう》No.1《ナンバーワン》を追《お》いもとめる

東芝《とうしば》グループでは、開発《かいはつ》するすべての製品《せいひん》で環境性能《かんきょうせいのう》No.1《ナンバーワン》、つまり電力消費《でんりょくしょうひ》をおさえ（省《しょう》エネルギー）、CO_2《シーオーツー》の発生《はっせい》をへらすことを追求《ついきゅう》している。そのため、商品《しょうひん》の企画段階《きかくだんかい》から、環境性能《かんきょうせいのう》が一番《いちばん》となるように目標《もくひょう》をさだめている。地球温暖化《ちきゅうおんだんか》の防止《ぼうし》、資源《しげん》の有効活用《ゆうこうかつよう》、化学物《かがくぶっ》質《しつ》の管理《かんり》の３つの面《めん》ですぐれた機能《きのう》をもつ新製品《しんせいひん》は、「エクセレントECP《イーシーピー》」（すぐれた環境調和型製品《かんきょうちょうわがたせいひん》）とされ、環境意識《かんきょういしき》の高《たか》まりとともに順調《じゅんちょう》に売上《うりあげ》をのばしているという。

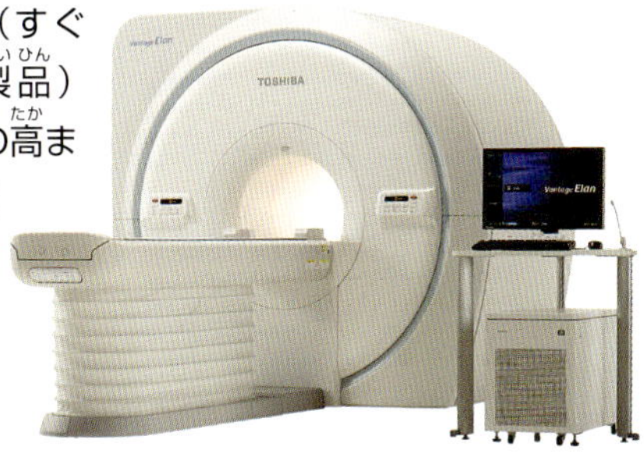

▲「ヘルスケア」の商品《しょうひん》、MRI《エムアールアイ》（→p35）「Vantage Elan《ヴァンテージ エラン》」は、省《しょう》エネルギー・省電力《しょうでんりょく》でNo.1《ナンバーワン》の性能《せいのう》をもつ。

◀「ライフスタイル」の代表的《だいひょうてき》な商品《しょうひん》、たて型全自動洗濯機《がたぜんじどうせんたくき》「AW《エイダブリュー》-90SVM《エスブイエム》」は、トップレベルの省《しょう》エネルギーをほこる。

低炭素《ていたんそ》エネルギー技術《ぎじゅつ》を高《たか》める

エネルギー分野《ぶんや》でも、「環境《かんきょう》ビジョン2050」の達成《たっせい》に向《む》けて、電力《でんりょく》を安定《あんてい》して供給《きょうきゅう》することと、地球温暖化《ちきゅうおんだんか》の防止《ぼうし》に取《と》りくんでいる。

現在《げんざい》、世界《せかい》のエネルギー源《げん》の約《やく》80％《パーセント》をしめる化石燃料《かせきねんりょう》は、もやすときにCO_2《シーオーツー》が大量《たいりょう》に発生《はっせい》する。東芝《とうしば》では、火力発電用《かりょくはつでんよう》のそれぞれの燃料《ねんりょう》に応《おう》じた最先端《さいせんたん》の技術《ぎじゅつ》を開発《かいはつ》して、高性能《こうせいのう》・高効率《こうこうりつ》な発電設備《はつでんせつび》を建設《けんせつ》している。いっぽう、原子力発電《げんしりょくはつでん》はCO_2《シーオーツー》を排出《はいしゅつ》しないことで、重要《じゅうよう》な基礎電源《きそでんげん》と見《み》なされており、東芝《とうしば》ではこれまで世界《せかい》10か国《こく》112基《き》の設備建設《せつびけんせつ》にかかわってきた。2011（平成《へいせい》23）年《ねん》の福島第一原子力発電所事故《ふくしまだいいちげんしりょくはつでんしょじこ》の後《あと》は、いっそう安全《あんぜん》な原子力発電《げんしりょくはつでん》の開発《かいはつ》に取《と》りくんでいる。

さらに現在《げんざい》は、再生可能《さいせいかのう》エネルギー（→p5）の開発《かいはつ》と普及《ふきゅう》にも積極的《せっきょくてき》に取《と》りくんでいる。地熱発電《ちねつはつでん》では、全世界《ぜんせかい》の地熱発電容量《ちねつはつでんようりょう》の約《やく》24％《パーセント》にあたる設備《せつび》をもうけてきた。また水力発電《すいりょくはつでん》は、これまで世界《せかい》40以上《いじょう》の国《くに》と地域《ちいき》に水《すい》車《しゃ》と発電機《はつでんき》を納入《のうにゅう》してきた。さらに、太陽光発電《たいようこうはつでん》など天《てん》候《こう》に左右《さゆう》されるシステムについては、管理《かんり》システムや蓄《ちく》電池《でんち》との連携《れんけい》を進《すす》めている。

▲2007（平成《へいせい》19）年《ねん》11月《がつ》に営業運転《えいぎょううんてん》を開始《かいし》した、アイスランド・ヘリシェイディ地熱発電所《ちねつはつでんしょ》は、累計発電容量《るいけいはつでんようりょう》で世界《せかい》トップシェアをほこる。

東芝《とうしば》 ミニ事典《じてん》

生態系《せいたいけい》*ネットワークをつくる

自然《しぜん》を破壊《はかい》して開発《かいはつ》される人間《にんげん》の住宅地《じゅうたくち》や、企業《きぎょう》の工場《こうじょう》は、動植物《どうしょくぶつ》がすむ環境《かんきょう》に大《おお》きな影響《えいきょう》をもたらしている。東芝《とうしば》グループでは、工場敷《こうじょうしき》地内《ちない》にのこされた自然《しぜん》の地形《ちけい》にくわえて、近《ちか》くにすむ従業員《じゅうぎょういん》に家庭菜園《かていさいえん》をすすめて、チョウが幼虫《ようちゅう》から成虫《せいちゅう》になるまでを保護《ほご》する活動《かつどう》をおこなっている。将来《しょうらい》は、近隣《きんりん》の森林《しんりん》や川《かわ》などとも結《むす》ばれる、生態系《せいたいけい》ネットワークをつくることをめざしている。

＊生物《せいぶつ》と、その生物《せいぶつ》がすむ環境全体《かんきょうぜんたい》の結《むす》びつきのこと。

人権《じんけん》の尊重《そんちょう》

人権《じんけん》の尊重《そんちょう》は、東芝《とうしば》グループの経営理念《けいえいりねん》でもあります。2004（平成《へいせい》16）年《ねん》には、「人権《じんけん》」「労働《ろうどう》」「環境《かんきょう》」「腐敗防止《ふはいぼうし》」の４つの分野《ぶんや》の基本原則《きほんげんそく》である「国連《こくれん》グローバル・コンパクト」*1に署名《しょめい》し、グローバル企業《きぎょう》としての役割《やくわり》をはたそうとしています。製品《せいひん》やサービスをつうじて、世界《せかい》の多《おお》くの国《くに》と地域《ちいき》でさまざまな人種《じんしゅ》や民族《みんぞく》の人《ひと》びととかかわる東芝《とうしば》は、グループとしての行動基準《こうどうきじゅん》として、基本的人権《きほんてきじんけん》と個人《こじん》の多様性《たようせい》*2を尊重《そんちょう》しています。

2013（平成《へいせい》25）年《ねん》には、アジア地域《ちいき》の人事《じんじ》責任者《せきにんしゃ》をあつめて勉強会《べんきょうかい》をおこないました。人権《じんけん》についての行動基準《こうどうきじゅん》を徹底《てってい》し、入社《にゅうしゃ》するときや昇《しょう》進《しん》するときなどの研修《けんしゅう》、さらに人権《じんけん》についての講演会《こうえんかい》なども開催《かいさい》しています。また2011（平《へい》成《せい》23）年《ねん》には、「東芝《とうしば》グループ紛争鉱物《ふんそうこうぶつ》*3対応方《たいおうほう》針《しん》」をさだめ、アフリカのコンゴ民主共和国《みんしゅきょうわこく》などに代表《だいひょう》される紛争地域《ふんそうちいき》で適正《てきせい》に採掘《さいくつ》される鉱物《こうぶつ》の取引《とりひき》に対《たい》し、さまざまな支援《しえん》をおこなっています。2013（平成《へいせい》25）年《ねん》には、原材料《げんざいりょう》や加工品《かこうひん》を納《のう》入《にゅう》する取引先《とりひきさき》（調達取引先《ちょうたつとりひきさき》）を対象《たいしょう》とした、紛争《ふんそう》鉱物《こうぶつ》を利用《りよう》していないかの調査《ちょうさ》や、製錬所《せいれんじょ》の調査《ちょうさ》を、約《やく》2800社《しゃ》におこないました。

＊1 企業《きぎょう》や団体《だんたい》が創造的《そうぞうてき》な指導力《しどうりょく》を発揮《はっき》することで、社会《しゃかい》のよき一員《いちいん》として行動《こうどう》し、持続可能《じぞくかのう》な成長《せいちょう》を実現《じつげん》しようとする、国連《こくれん》が提唱《ていしょう》する取《と》りくみ。現在《げんざい》、世界約《せかいやく》145か国《こく》で１万《まん》をこえる団体《だんたい》（そのうち企《き》業《ぎょう》が約《やく》7000）が署名《しょめい》している。

＊2 思想《しそう》·宗教《しゅうきょう》·性別《せいべつ》·民族《みんぞく》のちがいなどのさまざまな「個性《こせい》」があること。

＊3 コンゴ民主共和国《みんしゅきょうわこく》とその隣接国《りんせつこく》で不正《ふせい》に産出《さんしゅつ》される鉱物資源《こうぶつしげん》のこと。この鉱物資源《こうぶつしげん》が武装勢力《ぶそうせいりょく》の資金源《しきんげん》となり、紛争《ふんそう》や人権侵害《じんけんしんがい》を助長《じょちょう》していることが世界的《せかいてき》な問題《もんだい》となっている。

▼アジアの人事責任者向《じんじせきにんしゃむ》けのトレーニング（2014年《ねん》２月《がつ》）のようす。

サプライチェーンでのCSR推進《シーエスアールすいしん》

サプライチェーンとは、原料《げんりょう》の段階《だんかい》から、製品《せいひん》やサービスが消費者《しょうひしゃ》の手《て》にとどくまでの、全体《ぜんたい》のつながりのことをいいます。東芝《とうしば》では、調達取引《ちょうたつとりひき》先《さき》と正《ただ》しいパートナーシップ（契約関係《けいやくかんけい》）をきずいて、CSR《シーエスアール》をともに進《すす》めることで、社会《しゃかい》への責《せき》任《にん》をはたそうとしています。最終的《さいしゅうてき》に顧客《こきゃく》に安心《あんしん》して製品《せいひん》をつかってもらうには、安全《あんぜん》な原材料《げんざいりょう》を適切《てきせつ》な方法《ほうほう》で加工《かこう》することがかかせません。そのため、材料《ざいりょう》を加工《かこう》するときなどにおこる環境問題《かんきょうもんだい》とそれに関連《かんれん》する人権《じんけん》や労働問題《ろうどうもんだい》など、それぞれの面《めん》のCSR《シーエスアール》をはたすうえで、調達取引先《ちょうたつとりひきさき》にじゅうぶん理解《りかい》してもらい、たがいに協力《きょうりょく》しあうことが重要《じゅうよう》であると考《かんが》えています。

取《と》りくみのひとつはモニタリング*4です。調達《ちょうたつ》取引先《とりひきさき》とのCSR体制《シーエスアールたいせい》を強化《きょうか》するため、説明会《せつめいかい》の実施《じっし》や、CSR《シーエスアール》取《と》りくみ状況《じょうきょう》のモニタリングをしています。2013（平成《へいせい》25）年《ねん》は約《やく》5600社《しゃ》に対《たい》して調査《ちょうさ》と自己点検《じこてんけん》を依頼《いらい》し、問題《もんだい》がある場合《ばあい》は指導《しどう》して、改善《かいぜん》してもらうようにしました。

＊4 監視《かんし》し、調査《ちょうさ》·分析《ぶんせき》すること。

▲フィリピンでの、調達取引先《ちょうたつとりひきさき》の監査《かんさ》のようす。

資料編《しりょうへん》1

東芝《とうしば》の1号機《ごうき》ものがたり

東芝《とうしば》はこれまで、日本初《にほんはつ》（国産第《こくさんだい》1号《ごう》）または世界初《せかいはつ》の電気製品《でんきせいひん》を数多《かずおお》く開発《かいはつ》してきました。それらはすべて、世《よ》の中《なか》に貢献《こうけん》するという、創業《そうぎょう》のときからの思《おも》いのあらわれです。ここでは、代表的《だいひょうてき》なものを見《み》てみましょう。

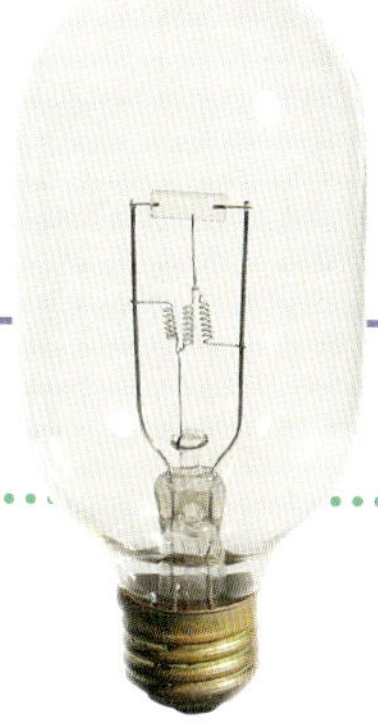

1890(明治《めいじ》23)年《ねん》

炭素電球《たんそでんきゅう》を製造《せいぞう》〔日本初《にほんはつ》〕

▶エジソンの指導《しどう》を受《う》けた藤岡《ふじおか》市助《いちすけ》による、竹製《たけせい》フィラメントの白熱電球《はくねつでんきゅう》。

1894(明治《めいじ》27)年《ねん》

水車発電機《すいしゃはつでんき》を製作《せいさく》〔日本初《にほんはつ》〕

▶芝浦製作所《しばうらせいさくしょ》が製造《せいぞう》した日本初《にほんはつ》の国産発電機《こくさんはつでんき》。

電気扇風機《でんきせんぷうき》を製造《せいぞう》・発売《はつばい》〔日本初《にほんはつ》〕

▶頭部《とうぶ》に電灯《でんとう》がともり、ぶあつい金属《きんぞく》の羽根《はね》をつけたがんじょうなものだった。

1895(明治《めいじ》28)年《ねん》

誘導電動機《ゆうどうでんどうき》(モーター)を製作《せいさく》〔日本初《にほんはつ》〕

1915(大正《たいしょう》 4)年《ねん》

X線管《エックスせんかん》を製造《せいぞう》〔日本初《にほんはつ》〕

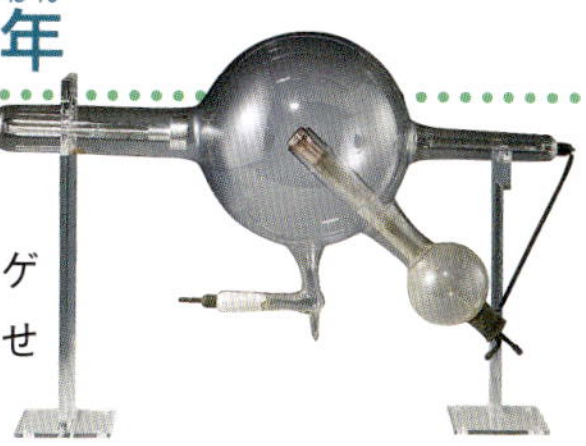

▶1895（明治《めいじ》28）年《ねん》にレントゲンが発見《はっけん》したX線《エックスせん》を発生《はっせい》させる、国産化第《こくさんかだい》1号《ごう》の装置《そうち》。

電気《でんき》アイロンを製造《せいぞう》・発売《はつばい》〔日本初《にほんはつ》〕

▶初期《しょき》の電気《でんき》アイロン。価格《かかく》は当時《とうじ》の大学卒業初任給《だいがくそつぎょうしょにんきゅう》の5分《ぶん》の1ほどした。

1921(大正《たいしょう》10)年《ねん》

二重《にじゅう》コイル電球《でんきゅう》を発明《はつめい》〔世界初《せかいはつ》〕
〈世界《せかい》の電球《でんきゅう》6大発明《だいはつめい》のひとつ〉

1923(大正《たいしょう》12)年《ねん》

40t《トン》直流電気機関車《ちょくりゅうでんききかんしゃ》を製造《せいぞう》〔日本初《にほんはつ》〕

▶民間企業初《みんかんきぎょうはつ》の国産電気機関車《こくさんでんききかんしゃ》は、現在《げんざい》も活躍《かつやく》している。

1924(大正《たいしょう》13)年《ねん》

ラジオ受信機《じゅしんき》を製造《せいぞう》・発売《はつばい》〔日本初《にほんはつ》〕

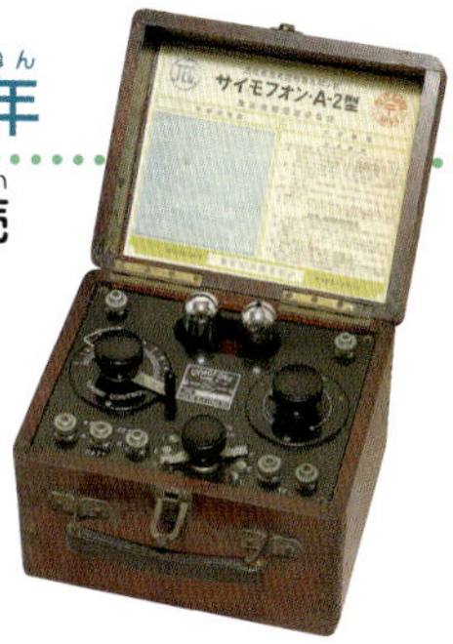

▶初期《しょき》のラジオ受信機《じゅしんき》サイモフォンA《エイ》-2型《がた》。

1925(大正《たいしょう》14)年《ねん》

内面《ないめん》つや消《け》し電球《でんきゅう》を発明《はつめい》〔世界初《せかいはつ》〕

1930(昭和《しょうわ》 5)年《ねん》

電気洗濯機《でんきせんたくき》、電気冷蔵庫《でんきれいぞうこ》を完成《かんせい》、発表《はっぴょう》〔日本初《にほんはつ》〕

▶日本初《にほんはつ》の電気洗濯機《でんきせんたくき》（左《ひだり》）と、電気冷蔵庫《でんきれいぞうこ》（右《みぎ》）。

資料編《しりょうへん》① 東芝《とうしば》の1号機《ごうき》ものがたり

1931(昭和《しょうわ》 6)年《ねん》

電気掃除機《でんきそうじき》を発売《はつばい》〔日本初《にほんはつ》〕

▶価格《かかく》は、大学卒業初任給《だいがくそつぎょうしょにんきゅう》の約《やく》2か月分《げつぶん》という、高《こう》級家電《きゅうかでん》だった。

1940(昭和《しょうわ》15)年《ねん》

蛍光《けいこう》ランプを製作《せいさく》〔日本初《にほんはつ》〕

1941(昭和《しょうわ》16)年《ねん》

世界最大《せかいさいだい》の鴨緑江水力発電機《おうりょっこうすいりょくはつでんき》を完成《かんせい》、発電開始《はつでんかいし》

▶満州《まんしゅう》（いまの中国東北《ちゅうごくとうほく》部《ぶ》）と朝鮮《ちょうせん》の国境《こっきょう》をながれる鴨緑江《おうりょっこう》に建設《けんせつ》する発電所《はつでんしょ》向《む》けに、水《すい》車《しゃ》・発電機《はつでんき》を受注《じゅちゅう》した。

1942(昭和《しょうわ》17)年《ねん》

レーダーを完成《かんせい》〔日本初《にほんはつ》〕

1949(昭和《しょうわ》24)年《ねん》

発電用《はつでんよう》ガスタービンを完成《かんせい》〔日本初《にほんはつ》〕

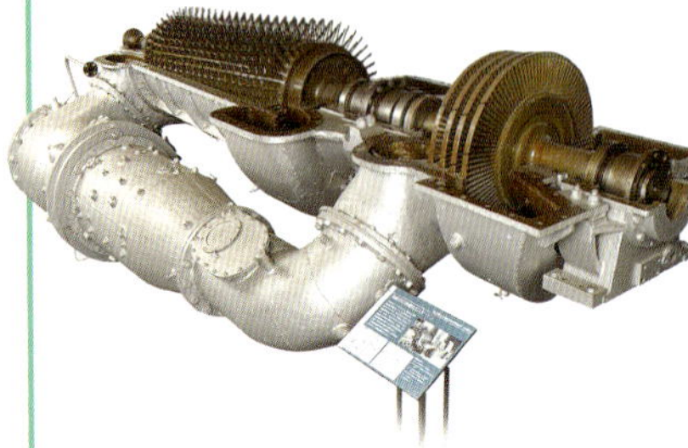

◀戦争《せんそう》のために研究《けんきゅう》・開発《かいはつ》されたタービンは終戦直後《しゅうせんちょくご》に地中《ちちゅう》にうめられたが、それをほりおこして、研《けん》究者《きゅうしゃ》たちが発電用《はつでんよう》に復活《ふっかつ》させた。

1952(昭和《しょうわ》27)年《ねん》

テレビ放送機《ほうそうき》、テレビ中継《ちゅうけい》マイクロウェーブ装置《そうち》を完成《かんせい》〔日本初《にほんはつ》〕

1953(昭和《しょうわ》28)年《ねん》

ウインド形《がた》ルームクーラーを発売《はつばい》〔日本初《にほんはつ》〕

▶実験室《じっけんしつ》の床《ゆか》にバケツで水《みず》をまいて温度《おんど》と湿度《しつど》を徹夜《てつや》で測定《そくてい》した。開発《かいはつ》から約《やく》10か月《げつ》という超《ちょう》スピードで発売《はつばい》。

1955(昭和《しょうわ》30)年《ねん》

自動式電気《じどうしきでんき》がまを発売《はつばい》〔日本初《にほんはつ》〕

1957(昭和《しょうわ》32)年《ねん》

電気《でんき》やぐらこたつを発売《はつばい》〔日本初《にほんはつ》〕

1959(昭和《しょうわ》34)年《ねん》

業務用電子《ぎょうむようでんし》レンジを発売《はつばい》〔日本初《にほんはつ》〕

▶第《だい》1号機《ごうき》が1960（昭和《しょうわ》35）年《ねん》の大阪国際見本市《おおさかこくさいみほんいち》に出品《しゅっぴん》され、翌年《よくとし》に市販《しはん》された。

トランジスタ式《しき》テレビを開発《かいはつ》〔日本初《にほんはつ》〕

◀純国産《じゅんこくさん》のテレビを製造《せいぞう》。翌年《よくとし》には、ブラウン管《かん》以外《いがい》をすべて半導体《はんどうたい》(→p5)化《か》した。

1960(昭和《しょうわ》35)年《ねん》

カラーテレビを開発《かいはつ》〔日本初《にほんはつ》〕

1963(昭和《しょうわ》38)年《ねん》

1万《まん》2500kW《キロワット》原子力用《げんしりょくよう》タービン発電機《はつでんき》を完成《かんせい》〔日本初《にほんはつ》〕

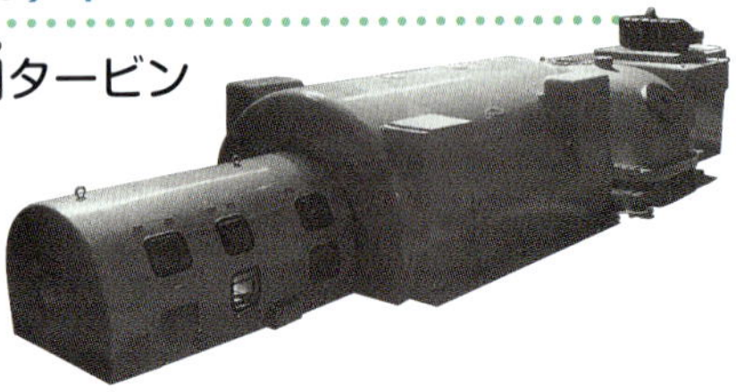

写真提供：独立行政法人
日本原子力研究開発機構

1967(昭和《しょうわ》42)年《ねん》

郵便物自動処理装置《ゆうびんぶつじどうしょりそうち》を完成《かんせい》〔世界初《せかいはつ》〕

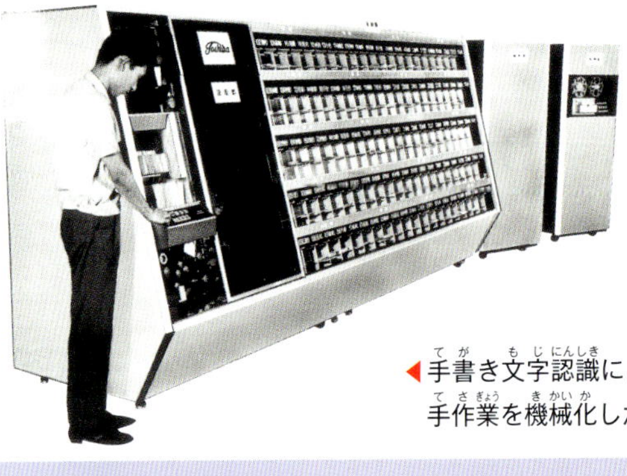

◀手書《てが》き文字認識《もじにんしき》によって、手作業《てさぎょう》を機械化《きかいか》した。

1971(昭和《しょうわ》46)年《ねん》

家庭用《かていよう》もちつき機《き》を発売《はつばい》

〔日本初《にほんはつ》〕

1972(昭和《しょうわ》47)年《ねん》

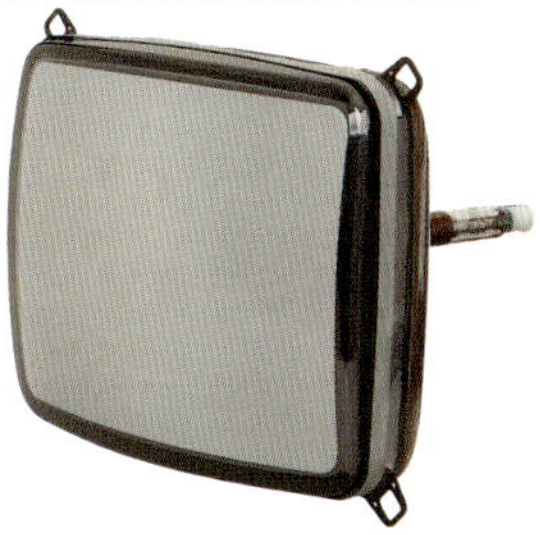

ブラックストライプ方式《ほうしき》*1

ブラウン管《かん》カラーテレビを

発売《はつばい》〔世界初《せかいはつ》〕

＊1 ブラウン管上《かんじょう》の赤《あか》・緑《みどり》・青《あお》（光《ひかり》の3原色《げんしょく》）の点《てん》のあいだを黒《くろ》のしま模様《もよう》(ブラックストライプ)で引《ひ》きしめて、カラー画像《がぞう》をあざやかにする技術《ぎじゅつ》。

1973(昭和《しょうわ》48)年《ねん》

家庭用《かていよう》カラーカメラを開発《かいはつ》〔世界初《せかいはつ》〕

▶これ以前《いぜん》は、高価《こうか》なカラーカメラはおもに放送局用《ほうそうきょくよう》だけだった。

1978(昭和《しょうわ》53)年《ねん》

日本語《にほんご》ワードプロセッサを製品化《せいひんか》〔日本初《にほんはつ》〕

全身用《ぜんしんよう》X線《エックスせん》CT《シーティー》装置《そうち》(スキャナー)の開発《かいはつ》〔日本初《にほんはつ》〕

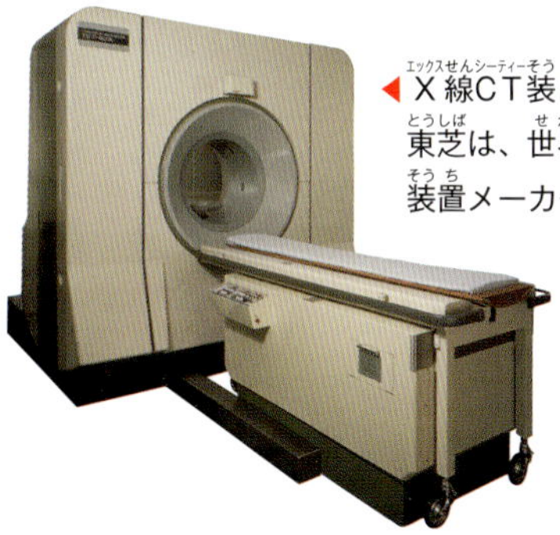

◀X線《エックスせん》CT《シーティー》装置《そうち》。これによって東芝《とうしば》は、世界最高《せかいさいこう》レベルのCT《シーティー》装置《そうち》メーカーとなった。

1980(昭和《しょうわ》55)年《ねん》

電球型蛍光《でんきゅうがたけいこう》ランプ「ネオボール」を

発売《はつばい》〔世界初《せかいはつ》〕

1981(昭和《しょうわ》56)年《ねん》

家庭用《かていよう》インバーター*2エアコンの開発《かいはつ》〔世界初《せかいはつ》〕

＊2 直流電力《ちょくりゅうでんりょく》から交流電力《こうりゅうでんりょく》を電気的《でんきてき》につくる電源回路《でんげんかいろ》、またはその回路《かいろ》をもつ装置《そうち》のこと。

1982(昭和《しょうわ》57)年《ねん》

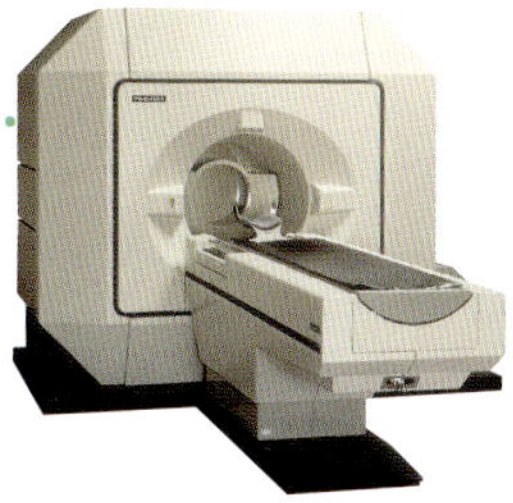

MRI《エムアールアイ》*3装置《そうち》を開発《かいはつ》〔日本初《にほんはつ》〕

＊3 強力《きょうりょく》な磁石《じしゃく》と電流《でんりゅう》をつかって、体内《たいない》の状態《じょうたい》を断面図《だんめんず》としてえがくこと。

1985(昭和《しょうわ》60)年《ねん》

ラップトップ*4パソコンを

発売《はつばい》〔世界初《せかいはつ》〕

＊4 表示画面《ひょうじがめん》と本体《ほんたい》が一体化《いったいか》して、もちはこべるコンピューター。

▶ラップトップパソコン「T《ティー》1100」は、1年間《ねんかん》で1万台《まんだい》の販売目標《はんばいもくひょう》を達成《たっせい》した。

1991(平成《へいせい》 3)年《ねん》

4メガビットNAND型《ナンドがた》*5

「EEPROM《イーイーピーロム》」を開発《かいはつ》〔世界初《せかいはつ》〕

＊4 英語《えいご》の“Not AND《ノットアンド》”の略《りゃく》で、かんたんな組《く》みあわせで「はい」「いいえ」の結果《けっか》を出《だ》せるしくみ。記憶装置《きおくそうち》の小型化《こがたか》・低価格化《ていかかくか》に貢献《こうけん》した。

1991(平成《へいせい》8)年《ねん》

DVD《ディーブイディー》プレーヤーを発売《はつばい》

〔世界初《せかいはつ》〕

▶世界初《せかいはつ》のDVD《ディーブイディー》プレーヤー「SD《エスディー》-3000」。

ABWR《エイビーダブリューアール》(改良型沸騰水型原子炉《かいりょうがたふっとうすいがたげんしろ》)の営業運転《えいぎょううんてん》を開始《かいし》

〔世界初《せかいはつ》〕

2001(平成《へいせい》13)年《ねん》

HDD&DVD《エイチディーディーアンドディーブイディー》ビデオレコーダーを商品化《しょうひんか》〔世界初《せかいはつ》〕

2010(平成《へいせい》22)年《ねん》

専用《せんよう》メガネなしで3D《スリーディー》（立体《りったい》）映像《えいぞう》を視聴《しちょう》できる液晶《えきしょう》テレビ「グラスレス3D《スリーディー》レグザ」を商品化《しょうひんか》

〔世界初《せかいはつ》〕

2013(平成《へいせい》25)年《ねん》

医療用《いりょうよう》裸眼《らがん》3D《スリーディー》ディスプレイを

商品化《しょうひんか》〔世界初《せかいはつ》〕

資料編《しりょうへん》❷

見学《けんがく》！　東芝未来科学館《とうしばみらいかがくかん》

JR《ジェイアール》川崎駅《かわさきえき》近《ちか》くにある東芝未来科学館《とうしばみらいかがくかん》のテーマは、「人《ひと》と科学《かがく》のふれあい」。
創業《そうぎょう》からの製品《せいひん》と展示物《てんじぶつ》で東芝《とうしば》の歴史《れきし》を学《まな》べ、未来社会《みらいしゃかい》の新《あたら》しいシステムも体験《たいけん》できます。
東芝未来科学館《とうしばみらいかがくかん》を見学《けんがく》しましょう。

■フューチャーゾーン

６つのコーナーで、東芝《とうしば》が考《かんが》える電気《でんき》の未来《みらい》を紹介《しょうかい》しています。

「エネルギーの未来《みらい》へ」コーナーでは、未来《みらい》の地球《ちきゅう》にやさしい発電方法《はつでんほうほう》を紹介《しょうかい》します。

「まちの未来《みらい》へ」コーナーでは、限《かぎ》られたエネルギーをむだにしないための、モーターや電池《でんち》などのくふうを紹介《しょうかい》します。

「ビルの未来《みらい》へ」コーナーでは、人《ひと》の動《うご》きをとらえたり、エネルギーの効率的《こうりつてき》なつかい方《かた》を自分《じぶん》で考《かんが》えたりする、省《しょう》エネルギーのビルシステムを紹介《しょうかい》します。

▲「エネルギーの未来《みらい》へ」コーナーの、「ハツデントライ　電気《でんき》を自分《じぶん》でつくってみよう！」。

▲「まちの未来《みらい》へ」コーナーの、「マチスキャナー まちのしくみをのぞいてみよう！」。

▲「ビルの未来《みらい》へ」コーナーの、「ビルタッチ ビルをあやつってめざせ省《しょう》エネ」。

「いえの未来《みらい》へ」コーナーでは、快適《かいてき》な家電製品《かでんせいひん》や、太陽光発電《たいようこうはつでん》などの省《しょう》エネルギーの方法《ほうほう》をあわせもったスマートホーム*を紹介《しょうかい》します。

「ヘルスケアの未来《みらい》へ」コーナーでは、スマートフォン（多機能携帯電話《たきのうけいたいでんわ》）によって健康状態《けんこうじょうたい》がわかったり、からだの奥《おく》ふかくのがん細胞《さいぼう》だけを取《と》りのぞいたりするような、医療《いりょう》の進歩《しんぽ》を紹介《しょうかい》します。

＊英語《えいご》で「かしこい家《いえ》」という意味《いみ》。

▶「ヘルスケアの未来《みらい》へ」の「キミセンサー」では、からだのさまざまな部分《ぶぶん》のはたらきを画像《がぞう》で示《しめ》してくれる。

「じょうほうの未来《みらい》へ」と題《だい》したこのコーナーでは、道路《どうろ》に飛《と》びだす人《ひと》を感知《かんち》して事故《じこ》を防《ふせ》ぐ自動車《じどうしゃ》や、図書館《としょかん》ひとつ分《ぶん》の本《ほん》を保存《ほぞん》できるフラッシュメモリ(→p5)など、小《ち》さな半導体《はんどうたい》(→p5)が可能《かのう》にしてくれるはたらきを紹介《しょうかい》します。

▶「ナノライダー」に乗《の》り、ナノ(10億分《おくぶん》の1)の半導体《はんどうたい》の世界《せかい》を体感《たいかん》できる。

■ヒストリーゾーン

「創業者《そうぎょうしゃ》の部屋《へや》」では、田中久重《たなかひさしげ》と藤岡市助《ふじおかいちすけ》という2人《ふたり》の東芝《とうしば》の創業者《そうぎょうしゃ》の人生《じんせい》、東芝《とうしば》の理念《りねん》のルーツを、さまざまな展示《てんじ》をとおして紹介《しょうかい》します。

また、「1号機《ごうき》ものがたり」のコーナーでは、「日本初《にほんはつ》」「世界初《せかいはつ》」で社会《しゃかい》に革新《かくしん》をおこしてきた、東芝製《とうしばせい》1号機《ごうき》を紹介《しょうかい》します。

▲「創業者《そうぎょうしゃ》の部屋《へや》」の中央《ちゅうおう》には、田中久重《たなかひさしげ》が発明《はつめい》した「万年自鳴鐘《まんねんじめいしょう》」が展示《てんじ》されている。

■サイエンスゾーン

ここでは、不思議《ふしぎ》で、おもしろくて、ためになる科学《かがく》の楽《たの》しさを、実験《じっけん》や実演《じつえん》をつうじて体験《たいけん》できます。

▶サイエンスゾーンで、50万《まん》ボルトの電気《でんき》がつうじたボールにふれて、静電気《せいでんき》の不思議《ふしぎ》を体験《たいけん》することができる。

■電話《でんわ》：044-549-2200

■住所《じゅうしょ》：神奈川県《かながわけん》川崎市《かわさきし》幸区《さいわいく》堀川町《ほりかわちょう》72番地《ばんち》34 スマートコミュニティセンター

(ラゾーナ川崎東芝《かわさきとうしば》ビル)2階《かい》

〈アクセス〉ＪＲ《ジェイアール》川崎駅西口《かわさきえきにしぐち》より徒歩《とほ》1分《ぷん》

〈開館時間《かいかんじかん》〉火《か》～金《きん》 10:00～18:00 ／ 土《ど》・日《にち》・祝《しゅく》 10:00～19:00

〈休《きゅう》 館《かん》 日《び》〉月曜日《げつようび》(祝日《しゅくじつ》をのぞく)、科学館《かがくかん》のさだめる日《ひ》

〈入《にゅう》 館《かん》 料《りょう》〉無料《むりょう》

http://toshiba-mirai-kagakukan.jp

さくいん

ア

アーク灯《とう》……8
IC《アイシー》……20
石坂泰三《いしざかたいぞう》……13
医療機器《いりょうきき》……4, 5, 17, 28
インフラ……4, 5, 22
エクセレントECP《イーシーピー》……31
X線《エックスせん》……24, 33, 35
エネルギー……5, 22, 26, 28, 29, 30, 31, 36
MRI《エムアールアイ》……24, 35
LED《エルイーディー》……28
LSI《エルエスアイ》……21
エレクトロニクス……15, 17, 21
エレベーター(昇降機《しょうこうき》)……8, 17, 18, 29

カ

家電《かでん》(製品《せいひん》)……4, 15, 17, 23, 36
仮名漢字変換《かなかんじへんかん》システム……25
カラーカメラ……24, 35
カラーテレビ……15, 17, 18, 19, 20, 34, 35
からくり……6
からくり儀右衛門《ぎえもん》……6
火力《かりょく》(発電《はつでん》)……5, 14, 26, 31
環境経営《かんきょうけいえい》……30
環境《かんきょう》ビジョン2050……30, 31
機関車《きかんしゃ》……7, 15, 25, 33
企業《きぎょう》スポーツ……29
蛍光灯《けいこうとう》(蛍光《けいこう》ランプ)……13, 15, 34, 35
軽電機《けいでんき》……10, 11, 14, 16
原子力《げんしりょく》(発電《はつでん》)……5, 18, 26, 31, 34
原子炉《げんしろ》……18, 35
コンピューター……4, 5, 15, 17, 21, 24

サ

再生可能《さいせいかのう》エネルギー……5, 26, 29, 31
三種《さんしゅ》の神器《じんぎ》……15, 20
CS推進《シーエスすいしん》センター……23
CT《シーティー》……24, 35
芝浦製作所《しばうらせいさくしょ》……10, 11
社内《しゃない》カンパニー……22, 23
重電機《じゅうでんき》……10, 11, 14, 15, 16
省《しょう》エネルギー……26, 31, 36
白黒《しろくろ》テレビ……15, 20
真空管《しんくうかん》……11, 12, 16
診断装置《しんだんそうち》……15, 24
水力《すいりょく》(発電《はつでん》)……5, 7, 10, 11, 14, 15, 26, 31, 34
スキャナー……24, 35
ストレージ……23, 28
3D《スリーディー》……19, 35
ゼネラルエレクトリック社《しゃ》……9, 11, 18
洗濯機《せんたくき》……4, 15, 33

タ

タービン……14, 18, 26, 34
太陽光《たいようこう》(発電《はつでん》)……5, 29, 31, 36
田中工場《たなかこうじょう》……7, 10
田中製造所《たなかせいぞうしょ》……5, 7, 8, 10
田中大吉《たなかだいきち》(2代目《だいめ》〔田中《たなか》〕久重《ひさしげ》)……7, 8
(田中《たなか》)久重《ひさしげ》……6, 7, 10, 37
W《ダブル》ーツイン冷却《れいきゃく》……26, 27
ダム……14, 26
タングステン電球《でんきゅう》……9
炭素電球《たんそでんきゅう》……33
地熱《ちねつ》(発電《はつでん》)……5, 31
中尊寺金色堂《ちゅうそんじこんじきどう》……28
通信機《つうしんき》……10, 15
電気《でんき》がま……15, 34

ナ

ハ

マ

ヤ

ラ

ワ

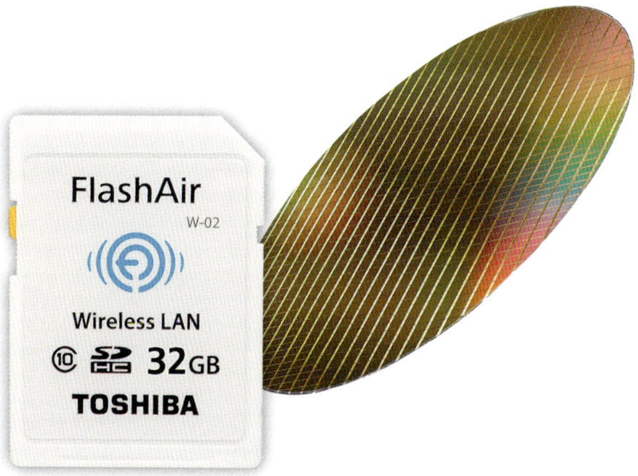

■ 編さん／こどもくらぶ

「こどもくらぶ」は、あそび・教育・福祉の分野で、こどもに関する書籍を企画・編集しているエヌ・アンド・エス企画編集室の愛称。図書館用書籍として、以下をはじめ、毎年５～10シリーズを企画・編集・DTP製作している。
『家族ってなんだろう』『きみの味方だ！ 子どもの権利条約』『できるぞ！NGO活動』『スポーツなんでも事典』『世界地図から学ぼう国際理解』『シリーズ格差を考える』『こども天文検定』『世界にはばたく日本力』『人びとをまもるのりもののしくみ』『世界をかえたインターネットの会社』（いずれもほるぷ出版）など多数。

■ 写真協力（敬称略）

株式会社 東芝、久留米市教育委員会、電気の史料館、
朝日新聞、J-POWER（電源開発株式会社）、
本田技研工業株式会社、公益社団法人川崎振興協会

この本の情報は、2015年１月までに調べたものです。
今後変更になる可能性がありますので、ご了承ください。

■ 企画・制作・デザイン

株式会社エヌ・アンド・エス企画
吉澤光夫

見学！ 日本の大企業 東芝

初　版　第１刷　2015年３月10日

編さん　こどもくらぶ
発　行　株式会社ほるぷ出版
〒101-0061 東京都千代田区三崎町 3-8-5
電話　03-3556-3991
発行人　高橋信幸

印刷所　共同印刷株式会社
製本所　株式会社ハッコー製本

NDC608　275 × 210mm　40P　ISBN978-4-593-58718-6　Printed in Japan

落丁・乱丁本は、購入書店名を明記の上、小社営業部宛にお送りください。送料小社負担にて、お取り替えいたします。